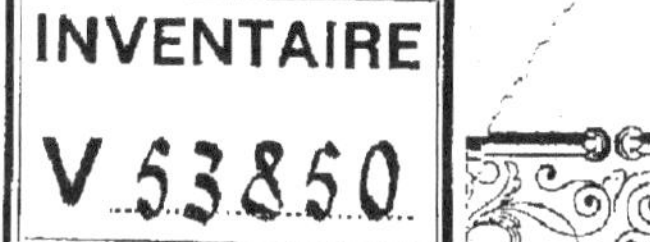

COSMOGONIE

OU

FORMATION DES CORPS CÉLESTES,

PAR

Didier THIERRIAT.

BELLEVILLE,

CHEZ L'AUTEUR, RUE SAINT-LAURENT, 25,

BARRIÈRE DE LA CHOPINETTE, PRÈS PARIS.

—

1854.

COSMOGONIE

OU

FORMATION DES CORPS CÉLESTES,

PAR

DIDIER THIERRIAT.

BELLEVILLE,

CHEZ L'AUTEUR, RUE SAINT-LAURENT, N° 25,

BARRIÈRE DE LA CHOPINETTE, PRÈS PARIS.

—

1852.

Belleville. — Imp. de GALBAN

AVERTISSEMENT.

Je préviens le public que je n'ai pas fait imprimer ma *Cosmogonie* en premier, parce que cet ouvrage est la clé de mon *Système planétaire*. N'ayant pas pu les faire imprimer ensemble, j'ai donc préféré commencer par mon *Système planétaire*, parce que, avec mon système, on ne peut pas trouver ma *Cosmogonie*, à moins de faire comme j'ai fait; mais avec ma *Cosmogonie*, on y trouve mon système; quand même il n'y serait pas, on peut, avec elle, le trouver, puisque c'est d'elle que je le tiens : chacun aurait pu en faire autant, ayant la clé; et, alors, je pouvais craindre qu'un autre ne me devançât pour mon système, et j'aurais alors bien travaillé pour l'honneur des autres, et comme j'ai fait, je n'ai rien à craindre. Ce *Système* est en vente depuis 1847, et j'ai eu l'honneur d'en offrir un exemplaire, dans le courant de la même année, à M. Arago, ainsi qu'à l'Institut, qui m'ont fait l'honneur de l'agréer, et dont j'attends qu'ils fassent l'application pour recevoir leur jugement. Et, comme l'application des expériences astronomiques demande plusieurs années, je suis toujours dans l'attente de l'honneur de leur réponse. Ne voulant pas priver plus longtemps des savants qui désirent avoir ma *Cosmogonie* pour la mettre en parallèle avec mon *Système planétaire*, je fais tout mon possible pour la faire imprimer.

Heureux si je peux mériter les suffrages de tous les savants, je me croirai assez payé de leurs applaudissements, si mon ouvrage en est digne ; mais si je m'écartais du bon sens, qu'ils veuillent bien le dire à haute voix, dans l'intérêt des sciences.

PRÉFACE.

La Cosmogonie est une science si profonde et si importante, qu'il faudrait une plume bercée dans l'art d'écrire pour peindre la marche de la nature dans toutes ses opérations, et c'est ma plume qui ose entreprendre cette tâche colossale qui, au premier coup-d'œil, paraît impossible à l'espèce humaine! Et, pourtant, faible mortel et faible écrivain que je suis, j'ose l'entreprendre. Heureux si je puis parvenir à démontrer une science que les dieux semblent avoir fait pour eux, et qui pourtant n'est pas étrangère à leurs créatures, puis qu'ils daignent les inspirer de leurs ouvrages. Et, sous ce point de vue, tout homme fait son devoir en prêtant l'oreille à l'inspiration divine qui daigne le conduire jusqu'à son céleste empire, afin qu'il devienne l'interprète de son semblable, pour l'instruire des beautés qu'il y trouve.

Les principes que j'essaie de démontrer sont d'autant plus intéressants, qu'ils sont puisés dans la nature même; il n'y a rien de supposé; ce que je n'ai pu voir clairement, je l'ai pris par analogie.

Or donc, l'analogie est une vérité préliminaire, jusqu'à ce que l'on en trouve une meilleure ; mais comme la nature opère aujourd'hui comme elle a opéré dans tous les temps, et qu'elle opérera toujours, l'on peut, avec une scrupuleuse attention, découvrir son travail dans tous les sens, puisqu'elle travaille toujours devant nous : elle ne nous cache rien, c'est nous qui fermons les yeux devant ses merveilles.

Je ne veux pas dire pour cela qu'il nous soit possible de découvrir tout, car notre conception a des bornes ; mais il ne nous est pas défendu d'y atteindre ; chacun peut les étendre selon ses capacités. Pour cela, il faut procéder avec méthode, et aller de découverte en découverte, comme j'ai fait, car il y a des choses qui laissent des traces de leur origine, et c'est par ces traces même que j'ai découvert une grande partie des œuvres de la nature, et le plan que j'ai suivi est celui que m'a offert la nature elle-même.

Trop heureux, si je peux parvenir à développer avec précision un sujet si beau et si grand, que je dédie au peuple ; car c'est pour lui seul que je me sens capable d'une persévérance aussi grande, sur un sujet aussi profond.

J'ai pris pour guide la belle nature, cet ouvrage incomparable que j'admire dans ses moindres travaux : c'est ma Bible, j'y lis à chaque instant du jour, j'admire son auteur, mes yeux font la lecture de ce grand livre ; il forme mon jugement, j'y vois les vérités que nos ancêtres y ont vues et que pour sûr nos descendants y verront, ce qui prouve un ouvrage constant, fait par un esprit immuable et prévoyant pour tous les siècles à venir.

Pour éviter la confusion des idées et rendre la lecture plus instructive, je serai précis autant que possible; j'éviterai ce verbiage qui fait de gros volumes et qui meuble peu l'esprit.

Pour préparer les esprits à bien concevoir cet ouvrage, je commence par donner des idées générales peu détaillées, pour donner les premières idées des opérations de la nature, de manière qu'au second détail on soit à même de juger de leurs rapports les uns avec les autres, et que l'on en conçoive tout l'ensemble : c'est encore pour aider les esprits, que je saute de suite à sa décomposition, pour faire voir les moyens que la nature emploie pour pourvoir à la composition des corps par le concours des quatre éléments, que le soleil lance par ses rayons dans tout l'univers, dont nous faisons partie. Ces quatre éléments, combinés par le travail de la nature, se matérialisent tous les jours, et c'est en jetant les yeux sur ces quatre éléments, que nous pouvons découvrir la marche de la nature dans ses travaux, puisque la matière est formée par eux.

Je cherche d'abord lequel des quatre éléments a pu former les trois autres; ayant trouvé, par mes observations, détaillées dans cet ouvrage, que c'est l'air, je dis que celui-ci doit contenir l'esprit qui gouverne, et sans connaître la nature de cet esprit, je dis que cet esprit occupe toute la nature, puisque l'air est partout et qu'il est conducteur électrique, qu'il facilite par cette raison la circulation de l'esprit divin, comme le sang facilite cette parcelle d'essence divine dans tout notre corps, pour y porter notre volonté, puisque le sang est à notre corps comme l'air est à la nature, et que cette petite parcelle d'essence divine anime notre corps, comme l'esprit divin anime la nature entière, sans pour cela croire participer de l'être suprême; car la portion que nous possédons est si petite à son égard, qu'elle est regardée comme rien. L'on voit par ces raisonnements, que l'air a pour principe l'essence divine; et, l'air étant le premier élément, a dû former les trois autres dans le temps primitif, s'il y en a eu un, puisque nous voyons présentement les trois éléments en sortir, comme je le démontre dans le cours de mon ouvrage. Donc, la nature étant sortie de l'esprit divin, peut être regardée comme Dieu ou comme être suprême, qui est la même pensée : toutes les mutations que reçoit la matière ne font que changer les formes; mais le principe est toujours le même.

Ce qui appuie cette idée, c'est cette impression que nous ressentons en nous lorsque nous faisons une bonne action; nous ressentons un plaisir secret; et, si nous commettons une faute, nous ressentons une répugnance à la commettre, ce qui prouve que les bonnes actions lui sont agréables, et que les mauvaises lui déplaisent. Car c'est lui qui parle en nous et qui nous invite à ne faire que le bien et à fuir le mal : donc, nos impressions vont jusqu'à lui, la douleur comme le plaisir. Et ce doit être le plus grand nombre qui lui fasse impression. Donc la souffrance des peuples est la souffrance de l'être suprême, comme également leur bonheur est le sien. Me voilà donc arrivé aux points principaux, et c'est de là que j'étudie la nature : je vois ce que produit l'air; il produit des brouillards, les brouillards produisent l'eau, l'eau produit des poissons et des atômes, lesquels produisent un limon au fond de la mer. Ce limon produit la terre ou la matière, la terre produit le minéral et le végétal; le végétal nourrit l'animal, l'animal se nourrit de l'animal, lesquels se forment des quatre éléments, et forment eux-mêmes, par leur croissance, la matière, en transformant une partie des trois autres éléments en matière, ce qui accroit la matière aux dépens des trois autres éléments, ce qui devrait, par suite des temps, transformer tout l'air en matière, si la nature n'avait pas prévu cet inconvénient (qui ne pourrait arriver qu'après des laps de temps) par les soleils, à qui la nature a donné deux propriétés, qui sont de produire et de détruire. Rien dans la nature ne peut produire sans le secours du soleil, et le soleil, d'un autre côté, attire tous les corps à lui, les consume et les met dans une fusion parfaite en les poussant dans tout l'univers par ses rayons, lesquels filtrant dans les airs s'épurent et sont réduits à

leur première nature, avant que d'arriver jusqu'à
nous, pour recommencer ce qu'ils ont déjà fait, et
ainsi de suite; ce qui fait un mouvement perpétuel
qui établit une juste balance entre le vide et le
plein. Vous voyez, par ce simple exposé, comment
se forme la matière. Avec une attention scrupuleuse, on voit comment se forment les globes, qu'ils
ne peuvent pas commencer d'abord par la matière;
ils ne peuvent se former que par les trois autres
éléments qui sont toujours en mouvement dans la
nature, par les rayons du soleil, qui se combinent
entre eux, comme il est dit dans la formation des
corps, forment un brouillard qui s'épaissit de plus
en plus, et forme un nuage, lequel se rondit par sa
chute, roulant tantôt d'un côté, tantôt de l'autre. Puis,
vient l'animalisation qui forme la matière. Ensuite,
le système planétaire vient par l'équilibre des corps,
comme il est démontré dans le même chapitre.

Il est facile de voir, par ce simple aperçu, le mécanisme de l'univers et la formation des corps, qui,
sans contredit annonce l'être qui les a produit, que
nous nommons Dieu, et les causes de la formation,
que l'on nomme Cosmogonie.

La Cosmogonie est la science la plus profonde,
puisqu'elle mène à la connaissance de l'être suprême, en nous démontrant toutes les parties qui
le composent, et nous conduit jusqu'à l'essence divine : je dis l'essence divine, parce que la nature
entière compose l'être suprême. Puisque c'est de
cette essence divine que sort toute la nature, par

cette raison la nature ou l'être suprême se composent de deux parties bien distinctes l'une de l'autre ; qui sont l'essence divine et la matière ; et cette essence combinée forme la matière qui, après un certain temps, se dissout et retourne d'où elle est sortie, ce qui forme une mutation qui va du fluide à la matière et de la matière au fluide, ce qui constitue la nature éternelle et prouve que la nature est Dieu ou l'être suprême.

Il me reste à prouver la chaîne qui lie le matériel au spirituel, ou pour mieux dire, la matière à l'essence divine. Cette chaîne est détaillée dans les chapitres qui composent cet ouvrage.

Ensuite, je passe à la régénération avec des détails plus circonstanciés, qui jettent un plus grand jour ; puis, de là, à la formation des éléments, qui démontrent clairement que l'air est le premier élément, et le principe de toute la nature.

Après, vient la formation des corps, leur équilibre, le système planétaire et leurs distances, suivies de leurs calculs, lesquels, joints aux démonstrations, doivent faire concevoir tout l'ouvrage ; et si on ne le conçoit pas, c'est à moi à qui je dois m'en prendre, car on doit toujours pouvoir faire comprendre ce que l'on comprend soi-même.

Tous ces principes sont pris dans la nature même, ils sont aussi simples qu'ingénieux, et peuvent passer pour autant de découvertes faites sur les opérations de la nature, qui sont prouvées mathématiquement et à la portée de tout le monde, où tout y est détaillé avec précision et en des termes très-connus, pour que chacun puisse en faire l'étude et s'initier dans le grand œuvre de la nature , qui jadis était traité d'art divin, d'art sacré, et qui était enveloppé de fictions, qui en rendaient l'étude pénible et ennuyeuse, et souvent infructueuse.

Cette science si sublime, qui jusqu'à ce jour était si difficile à apprendre, reçoit par mes soins (si j'ose le dire) une simplicité merveilleuse, qui en rend l'étude agréable et ne renferme que ce qui est nécessaire, ce qui met plus de clarté dans cet ouvrage.

DISCOURS GÉNÉRAL SUR LA COSMOGONIE.

1re Partie.

Plan de la Nature.

Je vais essayer, autant qu'il est à ma connaissance, de tracer le plan que la nature a suivie dans sa formation ; cette tâche est difficile, mais enfin, je vais l'entreprendre et faire de mon mieux ; fera mieux qui pourra. Je fais ce que je peux ; cette tâche n'est pas pénible pour moi, c'est ma distraction, mon amusement, car tout en faisant ceci, je travaille chez les autres.

Je commence.

La nature n'a pas eu de commencement et n'aura jamais de fin ; mais il faut qu'elle se perpétue d'elle-même, et pour cela il faut qu'elle fasse chaque jour ce qu'elle aurait fait si elle avait commencé. Je ne vous dirai pas, par exemple, comment elle a fait pour créer l'air en le tirant du néant, c'est au-delà de mes connaissance ; mais à partir de là, je peux commencer à raisonner. Il faut, pour contenir l'air, un espace quelconque ; cet espace, c'est l'immensité, qui est sans forme et sans fin ; c'est l'air qui le remplit, tant l'air est élastique, il s'étend autant qu'il a d'emplacement pour le faire, c'est ce qui me fait croire qu'il remplit l'immensité : nous devons le croire ainsi, jusqu'à ce que nous ayons des preuves du contraire.

L'immensité étant sans fin et sans forme, on ne peut s'en faire aucune idée ; elle est aussi incompréhensible que l'être suprême ; chacun exprime sa manière de voir, et personne n'est sûr de ce qu'il avance ; on y approche plus ou moins, selon le génie des personnes ; mais elle restera toujours impénétrable à tous, tant savant que l'on soit. S'il y a des choses que l'on peut pénétrer, il y en a aussi que l'on ne pourra jamais approfondir, telle que la forme de l'immensité et la nature de l'être suprême, puisque nous ne pouvons pas seulement rendre compte de la parcelle d'essence qui nous anime, pas même de notre mémoire, quel phénomène s'opère dans notre cerveau pour avoir le souvenir des choses qui se sont passées sous nos yeux depuis soixante ou quatre-vingts ans, ce que nous avons lu ou entendu citer et que la mémoire de chacun fournit plus ou moins de quoi faire tant de volumes, il ne faut pas s'étonner si nous ne pouvons pas pénétrer les mystères de la nature, puisque nous ne pouvons pas même approfondir les sens qui nous animent ; donc ce qui nous fait voir que le spirituel est hors de notre connaissance, comme également l'étendue, qui est sans fin, ne peut pas se concevoir, n'ayant rien sous nos yeux qui puisse nous en donner aucune idée.

Mais il est des choses que l'on peut trouver par

de mûres réflexions, aidé par de bonnes observations, comme par exemple, quand je vois tous les animaux animés par le sang, je dis que la nature est animée par l'air; les animaux ont une volonté, l'être suprême a la sienne; la volonté de l'animal se communique dans tout son corps par le sang, comme la volonté de l'être suprême se communique dans toute la nature par l'air; donc, l'air est à la nature, comme le sang est à l'animal, et de l'animal à la nature, j'y vois un rapport exact sur tous les points : comme également l'animal est gouverné par une petite parcelle d'esprit proportionnée à son être, comme la nature a l'être suprême qui la gouverne, comme aussi un globe est un être d'un autre genre, qui se promène dans les airs, comme une baleine se promène dans les eaux. Je peux bien regarder un globe comme un être vivant, puisque nous voyons les plantes animées et sujettes à la mort; donc les plantes sont vivaces dans un autre genre; les pierres n'ont-elles pas aussi un genre de vie qui est alimenté par les quatre éléments, comme l'animal est alimenté par le sang, les globes sont alimentés par le brouillard et les rayons du soleil, ce qui fait voir que tout prend sa nourriture dans son genre, ce qui les fait croître et qui prouve que la nature est animée partout, et que chaque être, grand ou petit, même les atômes, concourt chacun, proportionnellement à sa grosseur, à animer la nature; et, le tout ensemble, forme un être parfait qui se rajeunit de lui-même. Et comme il n'y a que l'être suprême qui soit

éternel, la nature étant éternelle est l'être suprême ;
voilà comme l'on va du connu à l'inconnu et que l'on
fait de grandes découvertes, ce qui nous découvre le
plan de la nature en nous faisant voir que chaque individu, dans toutes les classes, en pourvoyant à sa conservation, pourvoit à la conservation du grand tout,
qui ne forme qu'un seul être, qui est composé de tout
ce qui existe dans la nature, et que l'on nomme l'être
suprême, qui est incompréensible, tant par son étendue qui est sans fin, que par sa durée, puisqu'il n'a
jamais eu de commencement et qu'il n'aura jamais
de fin, et par son génie, qui est si étendu, que
l'homme instruit ne peut sonder dans ce vaste génie, sans y trouver d'obstacles. Ce génie créateur
est aussi admirable dans la construction des corps
mycroscopiques, qu'il l'est dans tous les corps qui
tombent sur notre vue. Donc, les deux extrêmes de
la nature, le grand et le petit sont pour nous deux
choses incompréhensibles : le grand, qui est la nature entière, qui remplit toute l'étendue, et le petit
qui va jusqu'aux êtres de première construction,
qui sont si petits, qu'ils échappent même à la vue
mycroscopique, tant ces êtres sont petits, et qui,
néanmoins, font toutes leurs fonctions comme tous
les autres animaux, et qui sont construits avec
autant de génie que les gros, à en juger par
ceux que l'on voit au mycroscope ; et le génie de
l'homme se perd dans la petitesse de ces êtres,
comme dans la forme de l'étendue de l'immensité
qui est sans fin, où le jugement se perd comme dans

la structure des êtres qui composent l'air et le feu, qui sont les deux éléments les plus fins, doivent être vivaces, car il ne peut y avoir que des êtres vivants pour communiquer la vie à d'autres, et qu'une nature morte ne peut pas donner la vie, ne l'ayant pas elle-même.

L'immensité est parsemée de soleils qui l'échauffe, l'éclaire et met la nature en mouvement par leurs rayons, qui mettent les quatre éléments en fermentation par mille combinaisons diverses, ce qui produit la grande diversité, tous les soleils qui sont dans la nature forment chacun un univers, comme il est démontré au Système planétaire, à la Stabilité du soleil, chapitre 23, tous ces soleils gouvernent la nature entière, chacun gouverne son univers par ses feux, comme il est démontré au même chapitre, où l'on voit que tous les soleils forment un système planétaire, et la force de leurs feux les maintient tous en équilibre, sans qu'aucun puisse sortir du centre qu'il s'est formé.

FORMATION DES ÉLÉMENTS.

2me Partie.

L'on sait que les quatre éléments existent de tous les temps ; et dire que l'air est le premier des trois autres éléments, semble contradictoire ; mais dire aussi que les quatre éléments sont aussi anciens l'un que l'autre, est aussi contradictoire ; car nous voyons la terre se former des trois autres éléments, comme nous voyons aussi l'eau se former des deux éléments, qui sont l'air et le feu, comme il est prouvé par la formation des éléments, 2me partie de cet ouvrage, où je fais le détail de leur formation ; non pas que je veuille dire par là que la nature a commencé, puisque je dis moi-même qu'elle n'a jamais eue de commencement et qu'elle n'aura jamais de fin, mais que pour se perpétuer, que trois éléments doivent leur naissance à l'air, et que l'air ne doit sa naisance à aucun, que son existence est indépendante des trois autres éléments ; donc il est le père de toute la nature.

COUP-D'OEIL JETÉ A LA HATE.

3me PARTIE.

Ce coup-d'œil, jeté à la hâte sur les principales opérations de la nature, prépare les esprits, en leur donnant les premières idées de ses opérations ; car il faut, pour bien comprendre, un détail quelconque, avoir l'idée de la chose en général ; alors l'on peut mieux juger de toutes les opérations : car comment pourrait-on se faire une idée de la composition, si on n'a nulle idée de la décomposition, puisque c'est la décomposition des corps qui forment les rayons du soleil ; car le soleil nous envoie par ses feux la matière dont les corps sont composés, puisque le soleil est chargé par la nature de mettre en combustion tous les corps que la pesanteur fait descendre jusqu'à lui, et ensuite qu'il sème par toute la nature cette combustion, qui remet les quatre éléments dans leur état primitif.

FORMATION DES CORPS.

4me Partie.

Il est de toute nécessité que la nature soit en mouvement, et elle ne peut l'être que par la mort et la vie ; car comment la nature pourrait-elle faire ses changements sans donner la mort, quand nous-même nous ne pouvons pas faire un pas, sans écraser des milliers d'insectes, ni boire ni manger, sans donner la mort à tous ces insectes, qui composent notre boire et notre manger, ces globes qui nous entourent n'ont-ils pas reçus de la mort la matière qui les composent, pour préparer de nouvelles existences ; ce sont ces mutations de mort et de vie qui mettent la nature en mouvement et qui métamorphosent la matière d'une nature à l'autre, ou qui perfectionne ou qui la fait dégénérer, selon que les combinaisons se conviennent ou qu'elles ne se conviennent pas.

Toutes ces métamorphoses attestent la puissance divine : l'on ne peut pas jeter un coup-d'œil autour de soi, sans être transporté d'admiration, de voir cette harmonie qui règne dans toute la nature, qui est si constante et si parfaite, qu'aucun observateur n'y aperçoit aucune contrariété, et la nature a dans l'homme instruit un observateur qui la suit à la piste dans tous ses mouvements, et c'est être sage que de l'étudier. L'homme en tire toujours de grands fruits, puisqu'il est utile aux autres et à lui-même.

C'est la fermentation qui met tout en mouvement; sans elle, tout est dans l'inaction; donc la fermentation métamorphose les fluides en solides, en donnant du poids à ceux-ci, donne de la légèreté à d'autres, car la fermentation est le travail des quatre éléments combinés ensemble, qui étant plus resserrés dans une partie que dans l'autre, donne plus de poids ; mais ce resserrement ne peut se faire qu'en donnant plus d'aisance aux parties voisines, et la partie resserrée est devenue plus lourde, si la partie allégie reste autour de la partie qui a pris du poids ; alors il y aura toujours le même poids ; mais si cette partie allégie quitte la partie lourde, cette partie lourde tombera vers le centre qui l'attire.

C'est à l'aide de la fermentation que tous les corps se forment; c'est l'ouvrier suprême qui préside dans toute la nature aux grandes choses comme aux petites.

Par cette raison, le tri que la nature fait dans l'air en ne prenant que ce qui lui est nécessaire pour former tel ou tel corps avec ce qui reste après la formation, ne fait toujours que ce qu'il y avait, et ne donne ni poids ni légèreté ; le total du poids est toujours le même. il n'y a que le volume de chaque partie qui change, puisque l'une se resserre et l'autre prend de l'extension.

Donc si le fluide et la matière ne pèsent pas plus

que l'air pur, dans laquelle cette matière s'est
formée, les globes avec leur atmosphère doivent
toujours être en équilibre avec l'air, et si un corps
descend vers le soleil, ce n'est pas le total du poids
qui le fait descendre, puisque le poids qu'il a pris
dans son intérieur est annulé par la légèreté de l'air
subtil qui l'entoure provenant de ce même globe,
seulement séparé de la matière par le travail de la
nature qui, néanmoins, quoique séparé, ne quitte
pas l'ensemble du globe, et l'on conçoit que plus
il se fait de matière, plus il y a d'air subtil qui l'entoure; non pas qu'il se soit fait de l'air subtil, puisque
nous avons dit qu'il n'y a toujours que ce qui existe ;
mais plus il y a de matière, plus le tri est grand,
plus les matières séparées font de volume, sans
pour cela en faire plus au total; mais la matière
se resserrant dans un seul bloc, perd de son volume et pèse plus vers le centre, puisque, ayant
moins d'étendue, elle est moins soutenue par l'air
subtil, quoique pourtant le tout ensemble fasse le
même volume; mais la matière étant séparée de son
air subtil, l'air subtil n'a plus la même force pour
la tenir en suspens, et la matière est plus aban-
donnée à elle-même et plonge davantage dans les
rayons du soleil.

Supposons deux globes de verre remplis d'air,
chacun dans un côté de balance à égal poids, que
l'un reste dans l'inaction, et que l'autre soit dans
le travail de la fermentation, celui qui sera dans
l'inaction ne changera pas de poids ; voyons un

peu si celui qui est en fermentation en changera.

D'abord, les molécules organiques se rassembleront par le travail de la fermentation, tel que nous le voyons dans la fermentation de la terre. Donc, il se formera dans ce globe en fermentation un brouillard qui occupera le centre, et qui, par suite des temps, se convertira en eau, puis l'eau en insectes ; ces insectes en petits poissons, et de leurs résidus se formera la terre, la terre formera le minéral et le végétal, le végétal se transformera en animal, et l'animal retournera en terre, et toutes ces matières feront croître le volume du globe terrestre qui se formera au centre du globe d'eau. Donc, tous ces changements donneront-ils du poids à ce globe ? Non, je ne le vois pas ; ils n'ont rien emprunté du dehors, ils ont tout pris en dedans. Donc, ces changements n'ont rien changé au poids de la boule d'air ; ils n'ont fait que séparer la matière d'avec le fluide ; il y a donc compensation de poids et de volume. La terre n'a pu prendre de poids que ce qui existait dans le fluide qui reste, puisqu'elle n'a rien pris du dehors, donc le fluide qui reste s'est allégi du poids que la terre lui a pris, et par cette raison le poids n'a pas changé.

Voyons un peu si ce fluide qui reste a pu quitter la terre ou s'il y est adhérent.

L'atmosphère qui nous entoure me fait voir ce que peut faire ce fluide.

Notre atmosphère ne nous quitte pas, parce qu'elle nous entoure ; la terre étant au milieu la retient, et

il faudrait, pour que notre atmosphère nous quitte,
qu'elle se sépare de son tout ; comme elle a changé
de nature, elle ne se mêle pas facilement avec l'air
pur ; elle se tient plutôt à celle qui lui est homogène.
Or donc, l'atmosphère est liée par l'homogénéité de
toutes ses parties, et comme elle fait le tour de la
terre, elle ne peut pas la quitter.

La même chose peut se dire du globe d'eau en
fermentation : ce fluide, dépouillé de la matière pesante qu'il renfermait, étant d'une autre nature que
l'air pur, ne peut pas plus quitter ce globe d'eau,
que l'eau ne peut quitter la nouvelle terre qu'elle
forme dans son centre, puisque toutes leurs parties
sont liées ensemble comme étant toutes semblables,
plutôt que de se mêler à l'air pur, qui ne lui est pas
homogène, c'est-à-dire de même nature.

Je conclus de là, qu'une terre naissante forme
son atmosphère des parties volatiles qui ont donné
leur matière pesante à la formation de cette nouvelle terre ; donc l'atmosphère doit annuler par sa
légèreté le poids de la terre à qui elle a donné naissance. On peut dire de là que le poids des corps
n'est pas si énorme qu'on se l'imagine, puisqu'ils se
trouvent annulés par la légèreté de leur atmosphère,
et que la terre ne prend de poids que ce qu'elle
reçoit du dehors, comme par exemple du soleil, et
ensuite de ce qu'elle ramasse dans sa course ; et
encore, dans ces deux choses, il s'y trouve de l'air
subtil ; mais comme la nature se matérialise tous les
jours, c'est pourquoi que les corps approchent tou-

jours vers le centre, parce que cet air subtil, par suite
des temps, perd de sa légèreté et fournit quelque
chose à la matière, et la matière ne fournit rien à
l'air subtil que quand elle rentre dans le creuset
universel, qui est le soleil, où elle restitue à chaque
éléments ce qu'elle a reçu d'eux.

PLAN DE MES DÉCOUVERTES.

La Cosmogonie est une science si profonde, qu'elle
m'a plus d'une fois arrêtée dans mes élans, vu que
toutes les idées que j'avais puisées dans les auteurs
se contrariaient les unes aux autres. J'ai jugé à pro-
pos de faire abnégation de toutes mes idées, pour
m'en faire d'autres d'après de nouvelles observations faites sur la nature même, jugeant bien que
de fausses idées devaient me gêner dans mon nouveau travail.

Je pense que les lecteurs me sauront bon gré de
leur faire voir comment je m'y suis pris pour découvrir une science si profonde, qui s'est tant fait
attendre, et qui, grâce à mes travaux, est à découvert, et dont je suis glorieux d'avoir tiré le rideau
qui, jusqu'à ce jour, mettait tous les auteurs en
contradiction ; maintenant nous pouvons marcher
sous la même bannière et faire des progrès dans la
science.

Voilà comme je m'y suis pris.

J'ai d'abord fait abnégation, comme je viens de le
dire, de toutes les idées que j'avais prises en lisant

les auteurs, non pas par mépris, Dieu m'en garde, car sans eux je n'eusse pas été à même de faire un système. Mais il fallait, pour trouver la vérité, que je me dégageasse de toutes mes idées, pour, ensuite, faire un nouveau choix d'après mes observations, lesquelles étaient mises par ordre pour en faire un ouvrage.

Je ne voyais pas de liaison dans toutes mes idées prises séparément; je me dis : il doit y avoir un être qui fasse mouvoir toute la nature; cet être, sans contredit, est l'être suprême, mais ce grand être embrasse la nature entière, il doit avoir ses agents principaux, à qui il donne le pouvoir de faire telle ou telle chose; mais ces agents principaux, quels sont-ils, si ce ne sont les soleils, eux qui régénèrent la nature ? Je serais bien trompé si ce n'était pas eux; analysons un peu, autant que possible, leurs propriétés. Mais comme je ne commençais pas comme il le fallait, faute de connaître le vrai point de départ, je ne trouvais aucune liaison; il fallait le trouver, ce point de départ. Voilà où gisait la difficulté : je n'avais alors que des feuilles détachées sur lesquelles j'avais couché toutes mes pensées relatives au système planétaire, qui était le fruit de plus de vingt ans de travaux, que je mis en ordre, pour faire mon Système. Mais j'étais comme un architecte qui veut bâtir et qui a tous les matériaux, et qui n'a pas encore dressé son plan pour arriver à une fin. J'étais dans le même cas; il fallait donc que j'embrasse mon plan en entier, pour pouvoir placcr toutes mes pensées et composer mon système. Mais ce système ne devait pas être de ma composition, mais bien celui de la nature qu'il fallait découvrir.

Il fallait donc que je me misse à la place de ce grand architecte : faible mortel que je suis, qui ose se mettre à la place d'un Dieu ! Mais enfin, cela ne retirait rien de son mérite, et je m'y supposai ; alors je me dis : le point de départ doit être de lui-même ; par où a-t-il commencé ? Mais il n'a jamais commencé, et pourtant il se perpétue ; il faut donc qu'il fasse à présent comme il aurait fait s'il avait commencé, puisque tout dans la nature commence et finit, comme je l'ai observé bien des fois. Quelles sont les choses les plus anciennes dans la nature ? Ce sont les quatre éléments, personne ne contrariera ceci, puisque tout dans la nature est composé des quatre éléments ; donc ils sont les quatre principaux agents de la nature. Voyons s'il sont aussi anciens les uns que les autres. Je les analyse comme je fais dans mon ouvrage ; je vois que l'air est le père des trois autres éléments. C'est donc de l'air que je dois descendre pour arriver à mon système, et je vois que l'air, aidé des rayons du soleil, donne l'eau, et le travail de ces trois éléments donne des brouillards qui se promènent dans l'immensité, se rondissent et forment des globes d'eau ; ces globes d'eau forment des étoiles, les étoiles forment des planètes, les planètes forment des soleils, les soleils forment leurs atmosphères solaires, les atmosphères solaires forment l'équilibre général de toute la nature, chaque soleil par son atmosphère forme l'équilibre universel, c'est-à-dire de leur univers à chacun, où chaque corps descend à proportion de son poids et de son volume, et que chaque soleil a les propriétés que je leur ai annoncés à ce même chapitre. Comme l'on voit qu'en descendant de l'air on arrive au système planétaire et aux propriétés du soleil, et que par cette raison en remontant par les soleils, on arrivera à l'air, ce qui prouve que c'est la véritable chaîne qui lie la nature, ce qui est détaillé en grand dans le cours de ma Cosmogonie.

Voici un précis de mon Système planétaire qui pourra vous donner un aperçu de tous les chapitres contenus dans ce volume (je parle de celui que j'ai publié en 1847), et qui sont mis par rang de découvertes, et que ma Cosmogonie m'a tracé comme on va le voir dans le cours de cet ouvrage.

1er CHAPITRE. — *L'Immensité.*

Tous les soleils ensemble avec leur atmosphère forment l'équilibre général de toute la nature, qui maintient tous les soleils chacun à leur place, ne peuvent plus en sortir, d'autant plus que les univers se touchent les uns les autres.

2e CHAPITRE. — *L'Univers.*

Le soleil forme son atmosphère par ses feux et fait graviter autour de lui les planètes qui sont dans son univers.

3ᵐᵉ **CHAPITRE.** — *Le Soleil anime la nature.*

Le soleil, par ses feux, forme deux forces opposées ; l'une qui repousse, et l'autre qui attire ; toutes les planètes trouvent entre ces deux forces leur point d'équilibre, d'après leur poids et leur volume.

4ᵐᵉ **CHAPITRE.** — *Le Soleil mesure la grosseur de la Terre.*

5ᵐᵉ **CHAPITRE.** — *Le rayon commun du Soleil et de la Terre.*

6ᵐᵉ **CHAPITRE.** — *La Terre mesure sa distance au Soleil.*

7ᵐᵉ **CHAPITRE.** — *Le Soleil ne va pas plus vîte dans un temps que dans l'autre.*

8ᵐᵉ **CHAPITRE.** — *L'Écliptique réel et l'Écliptique imaginaire.*

9ᵐᵉ **CHAPITRE.**—*Longueur des jours ou inclinaison de la Terre.*

La terre, dans sa marche, entraîne avec elle la lune, qui, à son tour, la fait pencher tantôt d'un côté de l'équateur et tantôt de l'autre, ce qui donne les saisons et la durée des jours.

10ᵐᵉ **CHAPITRE.** — *Six mois de jour et six mois de nuit, ou le Soleil paraît tourner horizontalement.*

11ᵐᵉ **CHAPITRE.** — *Les phases de la Lune.*

La marche de la lune autour de la terre donne les phares, étant éclairée par le soleil dans toutes les parties qu'elle occupe autour de la terre.

12me CHAPITRE. — *Les trente positions de la Lune autour de la Terre.*

13me CHAPITRE. — *Éclipse de Soleil et éclipse de Lune.*

Les rencontres de la lune, de la terre et du soleil, lorsque ces trois planètes se trouvent sur la même ligne, donnent les éclipses.

14me CHAPITRE.—*Les différentes grandeurs apparentes des planètes trompent la vue de l'observateur.*

15me et 16me CHAPITRES. — *Pour le calcul des distances.*

17me CHAPITRE. — *Pour déterminer les grosseurs.*

Fin des chapitres de mon *Système planétaire* de 1847.

QUALITÉS DU SOLEIL.

Les astronomes disent que la terre tourne sur son axe et qu'elle est transportée autour du soleil par une puissance inconnue.

Moi, je dis qu'en examinant, on peut connaître cette puissance ; car, puisque la terre tourne, qui la fait tourner sur son axe ? On l'ignore soi-disant ; et moi, par mes observations, je vois que ce sont les rayons du soleil qui la font tourner ; et comme il n'y a pas d'axe pour la retenir, il faut qu'elle avance en tournant d'une distance égale à sa circonférence. Il n'y a pas d'autre pouvoir que les rayons du soleil pour la faire tourner et l'équilibre pour la maintenir à égale distance du soleil, en tournant autour de lui.

Voilà donc la terre qui tourne autour du soleil, et, par cette raison, le soleil est son centre. Mais ce c'est pas tout, il est aussi le centre de toutes les planètes, car elles se meuvent autour de lui par les mêmes causes ; donc le soleil est le centre de gravitation et l'agent principal de l'univers, puisqu'il donne le mouvement par la force de ses rayons, et que ses rayons échauffent et qu'ils fournissent à l'accroissement de toutes les planètes ; donc nous voyons que le soleil a reçu de la nature le pouvoir de gérer, son univers, de toutes les manières :

1° De faire graviter les corps autour de lui ;

2° De les chauffer ;

5° De les éclairer ;

4° De les attirer à lui par son attraction ;

5° De fournir à l'accroissement de tous les corps ;

6° De les mettre en fusion ;

7° De semer par ses rayons cette matière en fusion dans tout l'univers, qui est rendu à chaque élément pour recommencer d'autres corps ;

8° C'est lui qui donne l'équilibre à tous les corps par son attraction et la répulsion de ses rayons ;

9° Ce sont tous les soleils ensemble qui donnent l'équilibre universel, puisque tous les soleils appuient leurs atmosphères solaires les uns contre les autres. Enfin je n'en finirais pas ; tout ce que le soleil fait est détaillé dans mon Système planétaire.

Comme l'on voit, le soleil est un des agents principaux de la nature qui marche après l'air, puisque l'air est le père de la nature entière.

IMMENSITÉ.

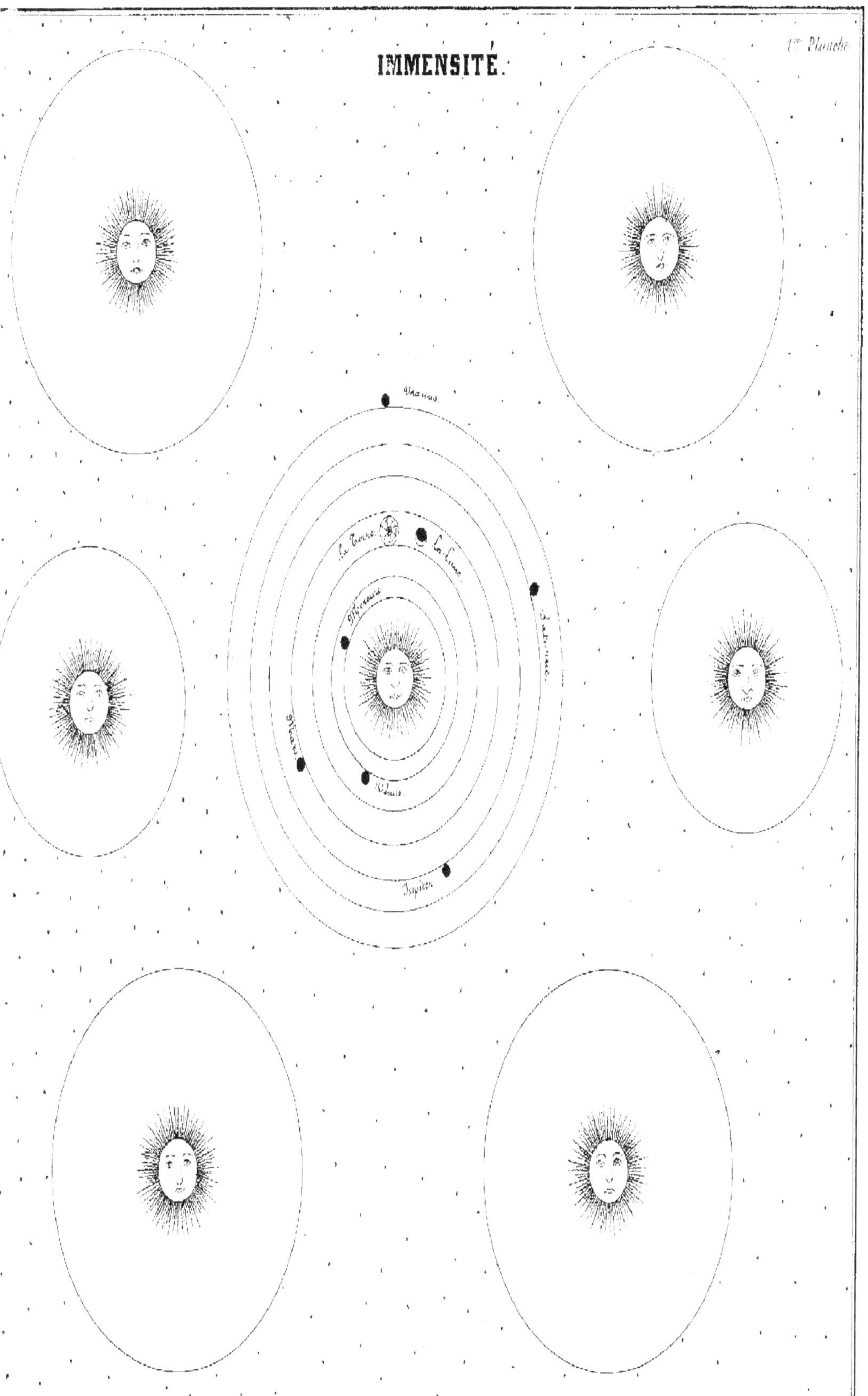

UNIVERS.

UNIVERS.
La Terre
La Lune
Saturne
Vénus
Mercure
Mars
Jupiter

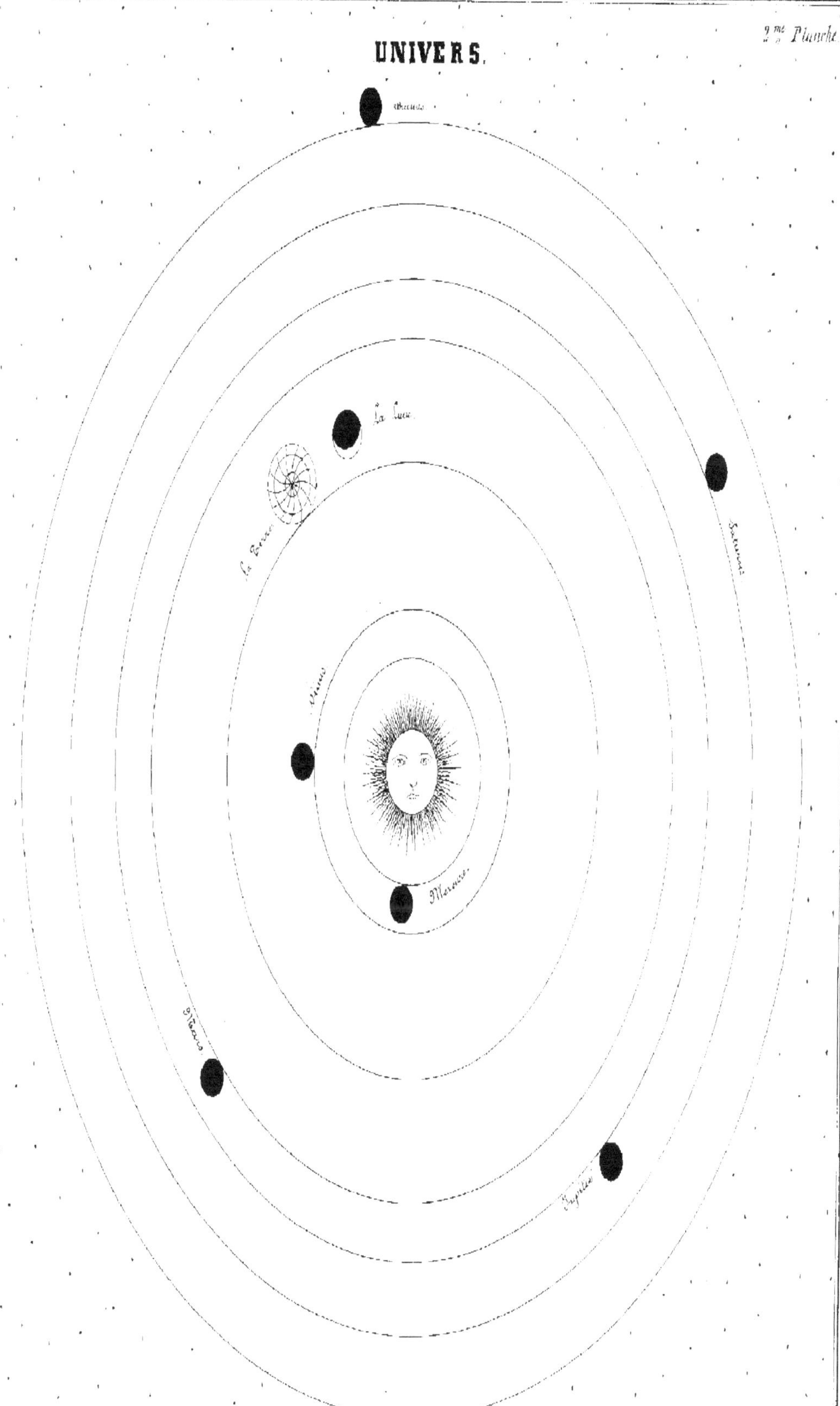

PREMIÈRE PARTIE.

PLAN DE LA NATURE.

<table>
<tr><td></td><td>Chapitres.</td></tr>
<tr><td>IMMENSITÉ......................</td><td>1</td></tr>
<tr><td>UNIVERS........................</td><td>2</td></tr>
<tr><td>AIR.............................</td><td>3</td></tr>
<tr><td>LE SOLEIL ANIME LA NATURE....</td><td>4</td></tr>
</table>

Belleville. — Imp. de GALBAN.

CHAPITRE 1er.

L'Immensité.

L'immensité est toute l'étendue qu'occupe la nature, sans en excepter aucune partie ; quoique l'on ne connaisse pas sa forme ni la grandeur de son étendue, il faut néanmoins expliquer ce que l'on entend par immensité, afin de pouvoir classer toutes les parties qui nous sont connues, tels que les univers, qui sont gouvernés par autant de soleils, et dont notre système nous démontre ce que peuvent faire tous les autres soleils qui occupent toute la nature, nous concevrons par immensité une étendue sans forme et sans fin, et par celui d'univers une forme ronde dont le soleil est au centre, qui envoie ses rayons de toutes parts, et qui forme la grandeur de son univers, d'après la force de ses rayons ou de ses feux, et l'immensité, occupée par l'air qui le remplit, car l'air est extensif et s'étend à proportion de l'espace qui l'environne : d'après cette raison, l'air a des petits vides parsemés de toutes parts, comme une éponge fine qui s'étend ou se resserre à proportion de ce qu'elle est comprimée ; l'immensité, comme vous voyez, est remplie par l'air et le vide. L'air et le vide sont à leur tour occupés par une infinité de corps, tels que soleils, planètes, comètes et étoiles, qui forment entre eux une infinité de systèmes que l'on nomme la nature, qui occupe toute l'immensité.

La planche 1re donne une idée de l'organisation des univers dans l'immensité; les soleils sont semés çà et là et occupent un espace proportionné à la force de leurs feux; le nôtre seul est occupé par des planètes dans ce tableau, parce que nous ne connaissons pas les planètes des autres univers, et que nous connaissons celles qui gravitent autour de notre soleil, comme il est marqué sur cette planche.

CHAPITRE 2.

L'Univers.

L'univers est tout l'espace compris par la voûte
que forme toutes les étoiles, dont le soleil est au
centre; et au-delà de cette voûte est l'immensité,
qui est sans fin, et qui, par cette raison, peut ren-
fermer bien des univers.

L'univers, comme vous voyez, est une portion de
l'immensité, sur lequel s'asseoit cette voûte d'é-
toiles, dont chacune d'elle plonge, selon son poids
et son volume, vers le centre, qui est le soleil.

Je dis son poids et son volume, car chacune
d'elles déplace un volume d'air, dont le poids est
égal au sien; étant ainsi en équilibre avec l'air,
elles sont obligées de rester immobiles; c'est pourquoi elles sont toujours à la même distance l'une
de l'autre.

Comme nous avons dit que l'immensité est un
plein parsemé de petits vides, on ne peut pas asseoir
dedans ou mettre en équilibre aucun corps, puisque
partout, l'air est de même poids, rien ne peut faire
équilibre; de même que si l'on jette une pierre

dans l'eau, elle tombera jusqu'au fond, ce qui lui fait un point d'appui, de même il faut un point d'appui à tous les corps qui nous entourent, et voici comment.

L'air et le feu sont deux éléments opposés en pesanteur ; le feu est infiniment plus léger que l'air ; par cette raison, plus il y aura de feu dans l'air, plus l'air sera léger ; aussi l'air est-il plus léger près du soleil que partout ailleurs, à proportion des distances, ce qui établit un centre au soleil, qui attire tous les corps à lui ; d'un autre côté, le soleil qui repousse par la force de ses rayons forment deux courants opposés l'un à l'autre, entre lesquels les planètes viennent trouver leur équilibre, puisque tous les corps qui nous entourent sont repoussés par les rayons du soleil et attirés par son attraction, comme centre de légèreté, et que tout corps, par son poids, tend à s'approcher de lui, comme étant l'endroit où l'air est le plus léger ; mais aussi le courant des rayons est beaucoup plus fort, c'est ce qui les retient en équilibre à une distance proportionnée à leur poids et à leur volume dans l'atmosphère du soleil.

Je dis l'atmosphère du soleil, parce que ses rayons en forment une belle, et toutes les étoiles en sont les limites, et chacune d'elles y rentrent à proportion de leur poids et de leur volume, et celles qui approchent le soleil à une certaine distance sont assujetties à un mouvement périodique occasionné par le courant de ses rayons : c'est ce que nous démontrerons au chapitre du système planétaire.

La planche 2ᵉ nous fait voir l'ordre de notre système, à quelques planètes près, où chaque planète est placée dans l'ordre de sa distance au soleil, gravitant autour de lui.

CHAPITRE 3.

DE L'AIR ET DE SES QUALITÉS.

L'air, premier élément. — Le froid de l'air. —
Propriété de l'air. — La dilatation de l'air. —
La couleur de l'air. — Le poids de l'air. — Le
poids de l'atmosphère.

L'air, premier élément.

L'air est le premier des quatre éléments, puisqu'il
donne naissance aux trois autres, comme on le voit
à la formation des éléments, 2me partie ; mais puisque
la nature n'a jamais eu de commencement et qu'elle
n'aura jamais de fin, on ne peut pas dire tel élément a donné naissance à tel autre ; mais pourtant
nous voyons la nature opérer sous nos yeux , et
nous la voyons se multiplier tous les jours. Il est
vrai que tout se forme par le concours des quatre
éléments ; mais ces quatre éléments sont-ils tous les .
quatre indépendants l'un de l'autre, où s'ils doivent
leur naissance l'un à l'autre ? Puisque nous consi-
dérons la nature gouvernée par un seul pouvoir, il
ne faut pas croire à quatre pouvoirs qui la gouvernent, s'ils n'ont ni commencement ni fin ni l'un, ni
l'autre, ce sont quatre pouvoirs qui gouvernent,
puisqu'ils sont indépendants l'un de l'autre ; et si

au contraire ils dépendent d'un élément primitif, c'est le primitif qui est le pouvoir qui gouverne, et ce pouvoir, qu'est-il? C'est l'air. Comment! l'air gouverne? Non, sans doute ; mais l'esprit qui est répandu dedans et qui embrasse toute la nature. Mais cet esprit peut bien être répandu dans les quatre éléments aussi bien que dans un seul, c'est vrai ; c'est pour cela que l'esprit divin ne peut pas mieux choisir, puisque l'air est répandu dans toute la nature et qu'il en est le père, et que les trois autres éléments n'occupent qu'une partie de la nature. Donc cet esprit étant répandu dans l'air, l'est dans toute la nature, et que lui seul ne s'analyse pas ; donc il est le primitif et le principe de toutes choses.

Et, comme principe de toutes choses, il est le père de la nature ; il est, par cette raison, supérieur aux trois autres et plus digne de contenir l'esprit divin, comme étant son premier ouvrage, est moins matériel que les deux derniers éléments, qui sont l'eau et la terre : quant au feu, quoique sorti des trois autres éléments, il ne laisse pas que d'être plus fin que l'air, quoique je dise qu'il provient du frottement des corps, ce n'est pas en dire assez pour croire connaître sa nature ; mais je ne peux dire que cela ; et comme l'air est le premier des quatre éléments, il est à la nature ce que le sang est à l'animal ; il est l'âme de la nature, comme le sang est l'âme de l'animal. Je dis l'âme, parce qu'ils sont tous les deux les premiers agents matériels qui font mouvoir la matière ; mais ces deux âmes matérielles sont gouvernées par l'âme spirituelle, qui est l'essence divine, qui est répandue par toute la nature, dont tous les êtres en général en ont une petite parcelle proportionnée à l'être qu'elle anime, et qui trouve son passage dans le sang de l'animal, comme l'esprit divin trouve son passage dans l'air qui occupe toute la nature pour y porter sa volonté.

Si l'on peut trouver dans la nature une substance qui peut donner ou qui donne naissance à l'air, on pourra la regarder comme élément primitif et comme le siège de l'esprit divin. Mais comme jusqu'à ce jour on n'a rien vu qui ait pu lui donner naissance, c'est pourquoi l'on est en droit de le regarder comme premier élément, duquel sortent les trois autres, et par cette raison la nature entière.

Le froid de l'air.

L'air, de son naturel, est froid, en le comparant au sang, qui doit toujours être chaud, par le mouvement que tous les êtres se donnent, ce qui échauffe le sang et le rend plus sensible au froid. Donc, quand l'air est privé des feux du soleil, il est dans son état naturel, il engourdit notre sang, même il le gelle, comme il fait à l'eau quand elle est privée de chaleur ; elle se glace par le froid de l'air ; mais le soleil, heureusement, sème ses feux par tout l'univers et maintient tous les liquides dans l'état de fluidité ; les feux tempèrent l'air et lui ôtent le froid glacial.

L'être suprême a donné à l'air et au feu deux qualités opposées l'une à l'autre, ce qui établit une proportion de chaleur et de froid dans toutes les régions de l'univers ; car l'air serait glacial partout, si les feux du soleil ne tempéraient pas sa nature froide, comme les feux du soleil brûleraient partout, si le froid de l'air ne mitigeait pas la force de ses feux ; car il ne faudrait pas six mois pour chauffer l'air de l'univers, pour tout brûler, puisque nous voyons dans les jours d'été des chaleurs insupportables qui ne sont produites que par huit ou quinze jours de suite, que la nature tempère par l'orage, qui absorbe en moins d'une heure toute la chaleur qui tombe sur la terre et la fertilise des feux que l'orage a absorbé et rend l'air plus supportable. Jugez comment serait l'air après six mois de chaleur, si l'orage ne venait pas à notre secours, comme également si l'air, par son froid glacial, ne tempérait pas les feux du soleil, à plus forte raison si ces deux causes ne se mitigeaient pas l'une à l'autre, tout serait en feu dans la nature, ou tout ne serait que glace ; et, par le mélange de ces deux éléments, tout est en vigueur et dans la plus parfaite harmonie, et l'air qui nous fait trembler en hiver vient à notre secours dans les grandes chaleurs d'été à la suite des orages, que la force des feux du soleil a forcé de se retirer en partie pour leur faire place, et que la nature ne permet que pour un court délai ; car, au bout de sept ou huit jours, l'air électrique s'enflamme de lui-même, ou par le froissement des nuages qui courent à contre-sens et qui enflamment le gaz électrique, ce qui permet à l'air de reprendre la place qu'il occupait avant.

Voilà où on reconnaît le génie et la bienfaisance de l'être suprême qui préside à toutes les opérations de la nature.

Propriétés de l'air.

L'air est à la nature ce que le sang est aux animaux. Retirez l'air aux plantes, elles meurent; retirer le sang aux animaux, on leur retire la vie; le sang circule dans toutes les parties de l'animal, comme l'air circule dans toute la nature.

Il n'y a pas large comme la tête d'une épingle dans toutes les parties de l'animal, qu'il n'y ait de sang, comme il n'y a pas dans la nature large comme le pouce, qu'il n'y ait de l'air. Le sang fait mouvoir chaque individu, comme l'air fait mouvoir toute la nature.

On pourra me dire que ce n'est pas l'air qui fait mouvoir la nature, que c'est l'esprit divin qui est répandu partout.

Je réponds, là-dessus, que l'air donne le passage à l'esprit divin, comme le sang donne le passage à la volonté de l'animal pour agir dans tous les sens. Avons-nous une partie de notre corps paralysée, notre volonté ne peut plus y aller pour la faire mouvoir; comme l'esprit divin cesserait de gouverner une partie de la nature qui serait privée d'air, cette volonté en nous vient de cette parcelle d'essence divine qui nous anime et qui est gênée dans ses fonctions, quand le passage est bouché, comme si l'air manquait dans telle ou telle partie de la nature, la nature serait sans mouvement et comme paralysée.

Sans doute que l'être suprême n'a qu'à vouloir, que rien ne peut gêner son passage dans aucune partie quelconque de la nature, encore bien moins lui empêcher le passage; mais le grand être n'agit pas par caprice, il met toujours une cause qui agit pour exécuter ses volontés, comme il pourrait, s'il le voulait, faire tourner les planètes autour du soleil, de sa propre volonté; alors nous n'aurions aucune trace de la cause qui ferait tourner les planètes autour du soleil; mais il en est autrement, l'expérience nous le prouve, qu'il n'y a pas d'effets sans causes physiques. Et si l'être suprême agissait seulement par sa seule volonté, il y aurait effet par cause métaphysique, ce qui n'arrive pas, puisque les causes sont physiques : si nous ne les voyons pas toujours, c'est que notre génie ne peut pas y atteindre ; mais comme nos connaissances se développent, nous pouvons atteindre aujourd'hui ce qui nous était impossible dans les temps antérieurs. Nous pouvons conclure de là que la volonté du grand être s'exécutent toujours par des causes physiques, ce qui me fait croire que s'il y avait dans la nature une contrée qui soit privée d'air, que la volonté de ce grand être n'irait pas ; mais comme toute la nature est occupée par l'air, les effets physiques ont toujours lieu, et la volonté de ce grand être s'exécute partout.

Dilatation de l'air.

L'air occupe toute la nature, vu son élasticité ; il n'y a pas large comme le pouce dans toute la nature qui n'y soit présent.

L'air se dilate ou prend de l'étendue à proportion des feux que le soleil y mêle, ainsi que des brouillards que le soleil y fait monter : voilà les modifications que reçoit l'air qui le fait peser ou l'allégit.

L'air est comme une éponge parsemée de petits vides et est compressible à l'infini, et s'étend quand il cesse d'être pressé, donc, l'air est élastique et s'étend, dans le besoin, pour donner à tous les corps la faculté de se mouvoir ; l'air pénètre les métaux les plus durs et descend même au centre de la terre, proportionnellement aux difficultés qu'il a à surmonter.

Couleur de l'air.

L'air est incolore en petite quantité ; mais, en grand, il nous paraît bleu comme nous le voyons à la voûte du ciel. Mais si à une certaine distance de nous l'air perd sa couleur bleue pour prendre celle de noir, c'est que l'air étant plus pur, ne peut pas retenir la clarté que lui donne le soleil, qui le fait paraître bleu dans notre atmosphère, qui est toujours chargée d'humidité ; mais la couleur noire n'est pas pour cela la couleur de l'air, c'est l'ombre de la nuit qui parait.

Poids de l'air.

L'air a son poids spécifique, qui est allégi par la quantité de feu qui s'y trouve ; le poids de l'air est en raison du feu que le soleil y mêle par ses rayons et de l'humidité que les brouillards y font monter.

Plus un fluide est léger, moins il peut soutenir une forte charge, puisqu'un corps en équilibre dans l'air déplace un volume d'air dont le poids est égal au sien, ce qui lui fait équilibre.

Or donc, la chaleur est plus légère que l'air ; un volume d'air pèse en raison du feu qu'il contient, et ce même volume se refroidissant, l'air se ressert, contient plus d'air et pèse davantage que celui qui a plus de chaleur.

L'air ne pèse nulle part, puisqu'il remplit l'immensité. Supposez un globe de verre plein d'air : l'air pèsera-t-il sur son centre ? Non, il ne peut peser que sur les parois du globe. Supposez dans ce globe des soleils qui repoussent l'air par leurs rayons, les parties, qui sont refoulées par les rayons du soleil, tendront à retourner vers le soleil, parce que toutes ces parties étant plus resserrées qu'ailleurs, repoussent à proportion de la pression qu'elles éprouvent, puisque l'air est élastique ; mais si les rayons cessent, toutes ces parties se détendront et retourneront sur les soleils, qui les repoussaient sur tous sens par leurs rayons.

Poids de l'atmosphère

Il est de toute nécessité qu'il y ait quelque chose qui pèse sur nous, car sans cela nous tomberions dans les airs, ainsi que tous les corps qui se trouvent détachés de notre globe, et c'est l'atmosphère qui nous préserve de cet accident, comme il est démontré au Système planétaire, chapitre 27.

L'atmosphère étant un composé des vapeurs de la terre, chargées d'humidité, doit nécessairement faire un poids sur nous, puisque nous voyons tous les matins cette vapeur tomber en brouillard, et le plus léger de cette vapeur monte proportionnellement à sa légèreté, ce qui forme notre atmosphère.

Donc, ce n'est pas l'air qui pèse sur nous, c'est l'eau qui se trouve parmi les vapeurs qui composent notre atmosphère et la matière en fusion que nous envoie le soleil par ses rayons, qui pèsent sur notre globe, ce qui forme la force centripète.

Le baromètre nous indique la pesanteur de l'air avec une grande précision, puisqu'il nous marque la pluie et le beau temps à divers degrés, ce qui prouve que l'air pèse à proportion de l'eau qu'il contient, qui pèse sur le mercure par l'ouverture du tube.

Et le thermomètre est aussi composé de mercure, qui reçoit une autre impression ; celui-ci reçoit l'impression de la chaleur qui passe au travers du verre et augmente le volume du mercure, ce qui le fait monter et qui indique le degré de chaleur qui s'est mêlé avec le mercure, comme également quand il gèle, la chaleur qui se trouve dans le mercure s'échappe au travers du tube de verre, et marque le degré de froid ; donc ces deux instruments sont d'un grand secours, l'un pour peser l'air, et l'autre pour connaître les degrés de chaleur.

Des pendules transportées en divers climats donnent des vibrations différentes ; sous l'équateur, les vibrations sont plus précipitées, et au pôle bien plus lentes que dans nos climats. Cette différence vient de ce que l'air est plus pesant au nord, ayant très-peu de chaleur, et dans nos climats le mouvement plus accéléré comme ayant davantage de chaleur, et sous l'équateur les vibrations encore plus vîte parce que l'air renferme encore plus de feu, et l'air y étant plus léger, les vibrations doivent se faire plus vîte, donnant plus d'aisance à la lentille de se mouvoir.

Belleville. — Imp. de GALBAN.

CHAPITRE 4.

—◆◉◆—

Le Soleil anime la Nature.

Pour bien comprendre les merveilles de la nature, lesquelles se succèdent les unes aux autres et qui forment une chaîne qui s'étend à l'infini, il faut d'abord prendre connaissance des causes premières, qui sont :

1° La nature du soleil;

2° Son atmosphère;

3° La stabilité du soleil;

4° Ses feux;

5° La lumière du soleil;

6° Et la chaîne des pouvoirs universels.

La nature du soleil.

Le soleil est composé des quatre éléments, comme tous les autres corps; et, néanmoins, il est tout en feu, et les autres corps ne le sont pas; c'est que le soleil possède davantage de matières combustibles. Ne voyons-nous pas des parties de notre globe en feu, tandis que toutes les autres parties ne le sont pas, et si ces matières combustibles qui brûlent sur

notre globe embrassaient toute la surface, elles se
chaufferaient l'une à l'autre et mettraient tout notre
globe en fusion, qui ne ferait plus qu'une mer de matières combustibles tel que le soleil. C'est donc le plus
ou le moins de matière combustible qui en fait la différence et qui constitue les soleils qui existent dans
l'immensité. Quoique toute la matière soit formée des
mêmes éléments, une partie est combustible et l'autre
ne l'est pas, et à la rigueur toutes les matières
sont combustibles par un feu convenable à la matière que l'on veut mettre en fusion ; par exemple,
celles que nous nommons combustibles s'enflamment
facilement, tel que les résines, les goudrons, les
graisses, les huiles, les soufres, le bois et ensuite
les métaux qui se mettent en fusion, et qui, joints
avec ces matières combustibles, ne forment plus
qu'un feu, et les matières les plus incombustibles
deviennent combustibles par la force du foyer ardent que forme cette mer de matières en fusion qui
se mêlent l'une à l'autre et qui aident à la fusion,
tel que le sablon qui se met en fusion à l'aide du
minium, avec lequel on fait de l'émail ; le sable en
fusion forme le verre. Donc ces matières prouvent
que toute la matière est combustible à un feu qui
lui convient ; c'est pourquoi il ne faut pas s'étonner
si le soleil est composé de matières combustibles,
puisqu'une matière aide à l'autre à le devenir ; et,
comme étant composé des quatre éléments, comme
tous les autres corps, il les possède tous les quatre,
car rien ne s'anéantit, et à la décomposition chaque

élément retourne à son tout ; c'est pourquoi le soleil, qui opère cette décomposition, renvoie dans
l'univers les quatre éléments dont il est composé
pour alimenter de nouveaux corps.

Atmosphère solaire ou rayons du soleil.

Le soleil comme la terre a son atmosphère ; la
terre forme son atmosphère des vapeurs qui s'exha-
lent de son sein, et qui, en s'élevant, entraînent
avec elles l'humidité de la terre, ce qui rend l'air
plus compacte que l'air pur.

Le soleil forme le sien par ses rayons, qui s'élè-
vent de sa circonférence qui se poussent l'un à
l'autre par la quantité qui sort de ce foyer ardent,
qui pousse toujours les rayons du soleil en raison de
la force de ses feux jusqu'aux étoiles, où le courant
cesse ; c'est là que viennent s'asseoir les planètes
qui forment notre voûte céleste ; joints à cette pression, les rayons sont beaucoup plus légers que l'air,
l'air les force à monter vers les étoiles, j'ai dit
plus haut que dans la nature il n'y avait ni lieu
haut ni lieu bas ; mais dans chaque univers ce n'est
plus de même, puisque le soleil est le point central
il occupe le lieu bas de l'univers, puisque tous les
corps tendent à y descendre ; de même l'air par son
poids y descend aussi et force les rayons à monter
vers les étoiles, ce qui accélère la marche des rayons ;
c'est pourquoi ils vont si vîte.

Pour vous donner une idée exacte des rayons du

soleil, figurez-vous un bouquet d'artifice qui lance ses feux de toutes parts, comme le soleil, et dont les parties éteintes retombent sur le soleil artificiel, comme sur le soleil universel, ce qui donne une idée de la force centrifuge du soleil et de la force centripète qui tombent sur tous les corps.

La force centrifuge, force qui part du centre de l'univers, puisque le soleil est au centre, et force centripète, puisque les parties éteintes retombent en partie sur le soleil et l'autre partie tombe sur tous les corps qui sont dans l'univers, c'est ce que nous nommons à notre égard force centripète, puisqu'elle tombe sur nos têtes, et nous nommons aussi force centrifuge une force qui sort du centre de la terre ; comme on peut dire la force centrifuge du soleil formée par ses rayons est une force centrifuge à l'égard de l'univers.

La stabilité du soleil.

Le soleil aura couru longtemps dans l'immensité, avant que de trouver sa stabilité, n'ayant rien qui s'oppose à sa marche et lançant toujours ses feux autour de lui ; ce qui lui formait un atmosphère qui grossissait de plus en plus, a dû, par suite des temps, ralentir sa marche et finir par l'arrêter, car ses feux étant plus légers que l'air ont dû annuler son poids et le tenir immobile au centre qu'il s'est formé ; et pourtant il fait un mouvement sur lui-même, comme nous le disent nos célèbres astronomes. Pour ce mouvement, je suis d'accord avec eux, puisqu'il ne dérange pas le soleil de son centre, et que de bonnes raisons m'en font voir la cause ; puisque toutes les planètes tournent autour de lui dans un espace de 7 degrés de largeur, elles doivent donner au soleil un mouvement pareil aux leurs, comme la terre en tournant fait tourner la lune autour d'elle de 12 degrés par jour ; et la force du mouvement des planètes autour de leur centre lui donne ce mouvement, sans pour cela déranger le soleil de son centre, au contraire, le force d'y rester, à moins d'un changement total dans les feux du soleil ; car si ses feux diminuaient, les planètes cesseraient de graviter autour de lui, et le soleil, perdant son équilibre, deviendrait comète et roulerait dans l'immensité. Mais comme il est soutenu par son atmosphère, il est probable qu'il durera longtemps, puisqu'il est alimenté par des corps qui vont se jeter dans ses feux ; par cette raison, on ne peut pas apprécier sa durée : donc sa stabilité durera autant que ses feux ; d'un autre côté, son atmosphère touchant celle d'un autre, le retient encore à la même position du ciel. Son atmosphère retient celles de plusieurs autres, de sorte que toutes les atmosphères solaires se touchant les unes aux autres établissent un équilibre général dans toute la nature, entre tous les soleils qui la gouvernent, qu'insensiblement se touchant tous les uns aux autres, se sont étayés eux-mêmes par leur atmosphère, de sorte qu'aucun d'eux ne peut plus sortir du centre qu'ils se sont fait eux-mêmes, comme on le voit au chapitre 1er, de l'Immensité.

Les feux du soleil.

Les rayons du soleil sont composés d'atômes de feux qui conservent leur vigueur tant qu'ils sont dans ses rayons, et sitôt dehors s'éteignent et perdent leurs feux en bien peu de temps : et qui sait combien ces atômes ont mis de temps pour venir du soleil jusqu'à nous, pendant lesquels ils étaient en vigueur. Ce sont ces atômes de feux qui réchauffent tous les corps et qui animent la nature entière, ce sont ces atômes de feux qui forment par leur chûte la force centripète, ce sont ces atômes de feux qui fertilisent la terre en aidant à la fermentation des corps; dans le jour ils tombent en feux et réchauffent toute la nature, et la nuit ils tombent morts, sans vigueur; mais néanmoins fortifient tous les corps, en leur donnant de la matière.

Le soleil peut, d'un temps à l'autre, diminuer ses feux et sa lumière par des taches qui se forment à sa surface et qui peuvent être occasionnées par trois causes : premièrement, par un corps qui se jette sur lui; en second lieu, par des croûtes qui se forment par ses feux; en troisième lieu, par la difficulté des matières à s'enflammer, et que probablement ces trois causes doivent finir peu de temps après, car le corps qui se jette sur lui est aussitôt mis en fusion par la force de ce foyer ardent qui prépare d'avance les corps à la fusion, puisque tous les corps qui tombent sur le soleil reçoivent de ses rayons des feux proportionnés aux distances où ils se trouvent ; de sorte que quand ils sont dessus, ils sont à moitié en fusion, et les taches doivent aussi s'effacer par le feu même qui les a formés et qui consume tout, doit mettre en fusion cette croûte et la faire disparaître ; pour quand à la diffficulté de la matière à la fusion, la force du foyer qui l'entoure doit, par suite des temps, l'échauffer et la faire fondre ; car ce foyer est si ardent, que la matière la plus dure est mise dans une fusion la plus parfaite, ce qui ne fait qu'une mer de matière combustible qui est continuellement en feu, qui éclaire et qui échauffe l'univers.

La lumière du soleil.

En même temps que le soleil échauffe la nature par ses rayons, il l'éclaire aussi avec ces mêmes rayons : sans feu, point de clarté ; la nature serait morte et dans l'inaction ; sans lumière, nous serions comme ensevelis dans la nature. Ainsi, ses rayons ont donc deux qualités bien essentielles qui sont l'âme de notre existence, par deux dons bien précieux ; par l'un, nous jouissons des beautés de la nature, et par l'autre nous en sentons tous les bienfaits.

CHAINE DES POUVOIRS UNIVERSELS.

Le soleil est le premier agent de l'univers.

Le soleil, par ses feux, forme la force répulsive et la force attractive ; la force répulsive, parce qu'il repousse les corps par la force de ses rayons ; la force attractive, parce qu'il attire les corps à lui comme étant le point central où l'air est le plus léger, puisque le feu est plus léger que l'air.

Les feux du soleil l'étayent sur tous les points et annulent son poids par autant de légèreté que le soleil a de pesanteur, ce qui le met en équilibre au centre de l'univers.

La force répulsive des rayons et la force attractive du soleil donnent à tous les corps leur point d'équilibre, puisque l'un repousse et l'autre attire ; tous les corps trouvent leur équilibre entre ces deux forces opposées, d'après leur poids et leur volume.

Le courant des rayons fait graviter les planètes autour du soleil, car un corps ne peut pas rester en repos dans un courant.

Et ce courant se perd graduellement en s'éloignant du soleil ; et lorsqu'ils sont en repos, ils ne peuvent plus faire mouvoir les corps qui se trouvent à une telle distance : c'est jusqu'à cette même distance que viennent s'asseoir les étoiles, et celles qui ont assez de pesanteur pour entrer dans ce courant sont obligées de graviter autour du soleil.

Le soleil a aussi deux qualités opposées l'une à l'autre, qui sont d'être régénérateur et destructeur de son ouvrage.

Il est régénérateur, parce que rien ne peut produire sans lui, puisqu'il lance des feux dans tout l'univers, qui sont composés des quatre éléments.

Il est destructeur, puisque par son attraction il attire les corps à lui jusqu'à les faire tomber dans son foyer, et les réduit en une matière liquide qu'il lance dans l'univers pour recommencer de nouveaux corps ; et cette matière en fusion filtrant dans les airs se sépare, et chaque partie va rejoindre son tout, c'est-à-dire que l'air retourne à l'air, le feu retourne au feu, l'eau à l'eau, la terre à la terre, et les parcelles d'essence divine qui animent chaque être retournent au grand tout, qui est celui qui fait mouvoir toute la nature, puisque ce grand tout est l'essence de l'être divin, l'auteur de la nature entière.

DEUXIÈME PARTIE.

FORMATION DES ÉLÉMENTS.

CHAPITRE 5.

Formation du Feu.

Deuxième élément.

Me voilà arrivé au plus profond de mon ouvrage ;
car, ici, il faut donner un détail exact sur la formation des éléments qui, jusqu'à présent, n'a été
qu'effleuré. Et, dans cette partie, je vais faire tout
mon possible pour ne rien omettre, autant que mon
faible génie pourra me le permettre.

La belle nature est formée par les quatre éléments, lesquels sont formés par l'être suprême ; que
l'on ne peut pas concevoir autrement, que par un
pur esprit qui embrasse toute la nature et qui forme
un cinquième tout, qui gouverne les quatre autres
et qui fournit à chaque être vivant une petite
parcelle d'essence divine pour animer la matière
dont chaque être est composé et lui donner le jugement nécessaire pour pourvoir à sa conservation,
ce qui donne à la nature le moyen de se perpétuer
d'elle-même, puisque chaque individu coopère proportionnellement à la grosseur de son être, à animer la nature, où l'on voit que la main de l'être

suprême s'étend sur tout, même au centre des globes. Qu'est-elle, cette main de la nature, si ce n'est cette essence divine qui est répandue partout et qui fait mouvoir les atômes de première construction, comme les êtres de première grosseur, lesquels, en pourvoyant à leurs besoins, pourvoient aux besoins de tous les insectes qui les composent, et les globes pourvoient aux besoins de tous les êtres qui les animent, et que, par ce moyen, tout être, gros ou petit, même jusqu'aux atômes qui composent chaque individu, trouvent leurs aliments dans la nourriture de l'être qu'ils composent et qui les gouverne, comme la nature entière trouve ses aliments dans la destruction de chacune de ses parties, qui lui sont renvoyées par les soleils, qui sont chargés par la nature de la rajeunir, en faisant passer dans leurs feux toutes les planètes que chacun d'eux gouvernent et dont chaque soleil renvoie la matière en fusion chacun dans son univers pour recommencer de nouveaux corps ; de même chaque être vivant, gros ou petit, tombe en dissolution quand son temps arrive et rend à la nature toutes les parties qui le composent, qui sont les quatre éléments et la parcelle d'essence divine, qui retourne aussi à son tout, et chacune de ces parties ne peut pas se mésallier, d'autant plus que chaque partie est d'une nature différente, qui ne peut s'allier ensemble que par le travail de la fermentation ; sans cela, chacune d'elle ne peuvent s'allier qu'à son tout, comme étant de même nature ; car il est facile de voir que l'air ne s'allie pas avec l'eau, et si l'eau se trouve alliée avec l'air, ce n'est que pour un court délai, le temps seulement que l'eau perde la chaleur qui la met dans l'état de vapeur ; ensuite, l'eau tombe en brouillard ou en pluie et retourne à la mer, qui est son tout ; de même la matière que le soleil lance dans tout l'univers retombe sur les corps célestes et va augmenter le volume des corps, pour ensuite reporter au soleil en total ce qu'ils ont reçu de lui en détail, et cette matière ne peut pas s'allier avec les trois éléments que par le travail de la nature, et l'essence divine peut encore bien moins s'allier avec les quatre éléments, comme étant tout-à-fait d'une nature opposée ; mais chaque parcelle qui anime chaque être n'a pas grand effort pour trouver son tout, puisque l'essence divine embrasse toute la nature, en sortant du corps qu'elle animait, elle trouve son tout, comme l'air trouve le sien, puisque l'air est partout.

Je vais faire maintenant le détail de la formation des quatre éléments, comme la nature nous le démontre tous les jours.

Je commence.

L'air est le père des trois autres éléments ; car, avec une scrupuleuse attention, on les voit sortir de l'air, et peuvent, par cette raison, s'analyser ; mais l'air ne s'analyse pas, de quelle manière que l'on s'y prenne, ce qui prouve qu'il est le père des trois autres : je dis ne s'analyse pas, en le considérant pur ; mais en le considérant tel que nous le respirons, il s'analyse, puisqu'il est composé des quatre éléments : les brouillards sont composés d'eau et des feux du soleil; les rayons du soleil sont à leur tour composés des quatre éléments, car le soleil, par ses feux ardents, dissout la matière et nous la renvoie dans son état primitif. Donc, les rayons possèdent les quatre éléments; avec cela, les brouillards font monter dans l'air des matières que la terre renferme : sous ce point de vue, l'air peut s'analyser; mais le prenant seul, on ne peut pas l'analyser, c'est-à-dire que nous ne voyons pas comment il a pu se former; mais que l'on voit très-bien comment se sont formés les trois autres éléments.

Par cette raison, nous pouvons croire qu'il est le principe de la nature entière, d'autant plus que nous ne voyons pas d'où il peut sortir, si ce n'est de l'esprit divin, qui est répandu dans toute la nature, et qui peut seul lui avoir donné naissance; mais qu'il en sorte ou non, cet esprit n'en est pas moins le principe de toute la nature, tant matériel que spirituel, et l'air est le principe de la matière, puisque nous voyons la matière se former de lui; mais comme je crois que cet esprit divin est pur et qu'il n'est pas susceptible de se matérialiser, c'est pourquoi je prends l'air comme principe de la matière, d'autant plus que je ne vois pas d'où il puisse sortir; mais, pour le voir, il faudrait avoir les yeux assez fins; et si l'air sort de cet esprit, c'est une raison pour ne pas s'en apercevoir, car alors ce tra-

vail serait imperceptible, même aux mycroscopes
les plus fins, et je pense que je suis ici arrivé au
grand mystère de la nature, ou du moins il en est
un pour moi, et je m'arrête là, de peur de m'y
perdre.

L'air est un fluide qui renferme le germe de vie ;
car pour donner la vie à la matière, il faut la posséder soi-même : nul n'est plus capable de la communiquer que l'air, par la raison que l'air est partout
et qu'il peut exister seul, et que les autres éléments
ne peuvent pas exister sans lui, puisque c'est lui qui
leur donne naissance ; et il ne laisse aucune trace
de la sienne, ce qui fait croire qu'il est l'élément
primitif, et que le germe de vie qu'il possède est cet
esprit divin qui est répandu dans toute la nature,
qui anime tous les êtres d'une petite parcelle d'essence divine ; c'est pourquoi tous les êtres ont cet
esprit que nous nommons instinct, qui veille à leur
conservation, et qui s'étend plus ou moins selon les
facultés corporelles de chaque espèce, c'est-à-dire
selon la durée de l'existence de l'animal, selon le
développement de sa langue, de sa mémoire et de
son jugement, etc. Toutes ces facultés concourent
au développement de cette parcelle d'esprit divin,
qui n'est pour nous qu'un levin qui peut s'étendre
selon qu'il est cultivé.

Tous les êtres ne sont pas pour cela des dieux,
pas plus qu'un de nos cheveux n'est nous-même ;
car il y a encore plus de différence entre Dieu et
cette petite parcelle d'essence divine qui nous

Belleville. — Imp. de GALPAN.

anime, qu'il n'y en a entre nous et un de nos cheveux, et je pourrais même dire, sans me tromper, qu'il y a de différence d'une goutte d'eau à toute l'eau de la mer. Donc, nous ne pouvons pas croire que nous participons de la nature de Dieu, et pourtant nous en avons assez pour savoir nous conduire ; quand nous voulons l'écouter, elle nous avertit de nos devoirs, et l'on est toujours sourd à la voix de la nature quand on fait le mal, car cette parcelle d'esprit divin nous donne de la répugnance à faire le mal et du plaisir à faire le bien ; ce qui prouve que l'on ne peut pas commettre une grande faute par ignorance, puisque l'on est averti d'avance par la nature.

Tout ceci prouve que l'esprit divin anime la nature jusqu'aux plus petits atômes qui animent l'air et qui en fait sortir les trois autres éléments qui animent la nature entière.

Donc, la nature fait continuellement ce qu'elle a toujours fait, puisqu'elle est sans fin : elle détruit d'un côté pour recommencer de l'autre, ce qui la rend éternelle.

Le Feu.

Le feu se forme par le frottement des corps ; et, par cette raison, on serait tenté de le mettre le quatrième des éléments, et pourtant on le voit fonctionner sur l'air, ce qui lui donne le titre de second élément, puisque l'air ne peut pas se mettre en fermentation sans les rayons du soleil ; car à suivre la

marche de la nature, nous voyons l'air se matérialiser : il ne peut le faire qu'en passant par tous
les degrés de la fermentation, qui ne peut commencer avec l'air que par des brouillards, qui sont
le résultat de son travail, étant échauffé par les
rayons du soleil (il est vrai que les rayons du soleil
possèdent les quatre éléments), mais l'air ne peut
que produire des brouillards par son mélange avec
les rayons du soleil, puisque l'on ne peut faire agir
sur l'air que le feu, quoique les rayons possèdent
les quatre éléments ; mais les rayons ne peuvent pas
pour cela devancer l'ordre de la nature.

Il faut, pour que l'air se matérialise, qu'il passe
par tous les degrés, et que l'air fasse aujourd'hui ce
qu'il aurait fait dans les premiers temps, si la nature avait commencé, car soit que la nature commence ou qu'elle continue, elle ne change pas ses
principes de formation. Or donc, nous pouvons juger par ce que nous voyons que le feu est le second
élément et qu'il peut se passer des deux autres éléments pour faire travailler l'air et que les deux autres éléments ne peuvent pas se passer de ces deux
ci, vu que la matière est plus compliquée, car le
travail de l'air n'a besoin que de chaleur pour donner son produit ; il n'a pas besoin d'eau, puisque
c'est son travail qui le produit, il a encore bien
moins besoin de terre, puisque c'est le travail des
trois premiers éléments qui forme la terre, comme
il est démontré par les chapitres suivants.

Donc, les quatre éléments n'ont pas besoin du

concours des quatre éléments pour donner leurs produits élémentaires; mais pour donner leurs produits matériels, ils sont nécessaires tous les quatre : l'absence d'un seul empêche l'action des trois autres. Mais dans la formation des trois éléments, il n'en est pas de même; l'air n'a besoin que du feu pour produire l'eau; l'eau n'a besoin que de deux éléments pour produire la terre, et la terre a besoin des trois autres éléments pour produire la nature entière. L'on voit par là que plus les éléments sont compliqués, plus ils s'approchent de la matière : l'air est simple, il existe par lui-même; le feu est secondaire, il provient du frottement de la matière; l'eau provient du travail de l'air et du feu, et la terre provient du travail des trois autres éléments. Comme l'on voit, l'air se matérialise en passant par chaque élément, et ensuite forme, par le concours des quatre éléments la nature entière, que le sage doit prendre pour modèle de toutes ses actions et l'adorer comme son Dieu.

C'est adorer Dieu lui-même que d'adorer son ouvrage. Dieu est trop grand, Dieu est un pur esprit qui ne saurait être vu de nos faibles yeux, trop grand, pour que notre vue puisse en découvrir toute l'étendue; mais il a mis à notre portée la belle nature : c'est pourquoi je l'adore, puisqu'il le permet.

CHAPITRE 6.

Formation de l'Eau.

Troisième élément.

Les quatre éléments sont quatre germes de vie différents, qui, plus ou moins combinés ensemble, produisent l'eau ou la matière ; l'air, combiné avec le feu, produit l'eau : il se forme d'abord un brouillard qui est le produit de son travail. Dire comment ce travail se fait, je ne peux le dire ; mais je peux dire ce qu'il produit. L'expérience me fait voir que si la nature a ses mystères, elle a aussi beaucoup d'opérations qu'elle nous laisse voir, tels que les brouillards, qui nous produisent l'eau dans notre atmosphère, sont de même nature que ceux qui se forment dans l'espace, à la différence près que dans l'espace ils sont en très-petite quantité ; mais ils sont néanmoins le produit de l'air avec les feux du soleil, et que, dans notre atmosphère, ils ont en plus les brouillards de notre terre, en grande quantité, mais qui ne doivent pas pour cela nous faire méconnaître le travail de l'air. La force centripète qui tombe sur nos têtes nous démontre que l'air est chargé d'un dépôt qui tombe vers le centre qui l'attire. Celui qui tombe sur nous est attiré par notre centre, qui est celui de la terre, comme les planètes sont attirées par le soleil, qui est leur centre. Donc, nous devons reconnaître le travail de l'air dans tout l'espace, puisque nous voyons que tout travaille autour de nous ; à plus forte raison l'air, qui est le père de toute la nature.

Puis, les rayons du soleil, qui sèment partout les quatre éléments dont ils sont composés, mettent la matière en mouvement dans tout l'espace, ce qui fournit à la formation de tous les corps, gros comme petits ; chacun en prend à proportion de sa grosseur. Toutes ces raisons démontrent la réalité de ce que j'avance.

Car nos brouillards n'ont pas le temps de former un globe d'eau, vu qu'ils sont dissous en moins de huit jours et forment une rosée ou une pluie qui arrose nos champs, tandis que ceux qui se forment à des millions de lieues de nous ont le temps de former des globes d'eau, puisqu'ils mettent des milliers d'années à rouler dans l'immensité ; il ramassent toujours de nouveaux brouillards qui enveloppent l'eau que les brouillards forment à leur centre et qui pèsent plus sur le nuage qui les supporte et l'oblige à descendre plus vite, et ramasse plus de brouillards qu'en marchant doucement ; car l'air est rempli de ce dépôt qu'il fait dans son travail en se combinant avec les rayons du soleil, d'autant plus que les rayons sont composés des quatre éléments. Par cette raison, plus il se forme d'eau, plus le nuage descend vîte, plus il ramasse de quoi fortifier son enveloppe. Pendant ce temps-là, ce globe naissant a le temps de se former, et que dans notre atmosphère il ne le peut pas, vu le peu de temps qu'il reste dans les airs : quand il resterait quinze jours, c'est tout ce qu'il peut rester. Comparez ce peu de temps à des milliers d'années, car la nature, dans sa formation, est lente. En second lieu, le produit de l'air ne peut être qu'un brouillard ; car l'air est si délié, qu'il ne peut avoir qu'un travail proportionné à sa finesse, qui tombe çà et là vers le soleil, qui attire tout à lui : ce brouillard, par suite des temps, se convertit en eau, car il n'a rien de matériel comme étant sorti de l'air, mais il le devient par un autre travail, qui est la réunion des trois éléments qui agissent ensemble et forment l'animal, et l'animal forme la matière, quatrième élément. Cette matière première forme la terre, qui est matière secondaire et qui est le résidu de la matière naissante, c'est-à-dire que l'animal forme la matière première, et qu'à la mort de l'animal la matière qui s'est formée en lui se dissout et forme la terre qui rend la terre matière secondaire, qui ne sert qu'à former les minéraux et est le réservoir des trois autres éléments qui forment, par leurs combinaisons, les deux autres règnes de la nature, qui sont le végétal et l'animal.

Voilà comme l'air se matérialise en passant par

tous les degrés de l'animalisation et de la végétation, et la terre ne peut produire que les minéraux
dont la nature de ces minéraux tiennent du terroir
qui les a formés ; et par cette échelle de rapports,
on voit clairement que l'eau sort de l'air, et l'eau
étant un fluide, annonce qu'il sort d'un fluide encore plus délié, qui est l'air, puisqu'elle a passé
par le travail de la fermentation qui l'a épaissie,
comme le travail de l'air, de l'eau et du feu donnent la matière, de même les quatre éléments réunis
produisent toute la nature.

Si les rayons du soleil sèment par tout l'univers
les quatre éléments, cela ne nous empêche pas de
voir que l'eau est le produit du travail de l'air ;
notre atmosphère nous empêche de voir ce travail par plusieurs raisons, qui sont que l'atmosphère est toujours chargée d'humidité qui res-
semble au travail que fait l'air ; en second lieu, que
le travail de l'air qui se fait hors de notre atmosphère est trop éloignée de nous pour que nous
puissions l'apercevoir, mais que toutes les observations nous démontrent la réalité, et nous ne pouvons voir dans l'atmosphère que la chûte de l'eau,
qui ne reste pas assez de temps dans l'air pour y
travailler ; mais il n'en est pas de même de l'eau
qui se forme à des millions de lieues de nous, elle a
le temps de travailler et de former des globes d'eau
que nous voyons en forme d'étoiles qui, étant hors de
notre univers ou assises sur ses limites, restent immobiles jusqu'à ce qu'elles aient assez de poids pour

entrer dedans et former des planètes en prenant un mouvement circulaire autour du soleil.

Toutes ces choses ont le temps de se former dans le cours des milliers d'années, et dans notre atmosphère elles n'y restent pas huit jours sans tomber en pluie et se combinent avec les trois autres éléments et concourent au travail de notre terre. Et dans l'espace, les éléments ont le temps de se combiner ensemble et de former des espèces de nuages qui roulent dans l'immensité et forment de nouveaux globes, et notre terre est seulement le résultat des dépôts des trois autres éléments, lesquels étant des fluides, peuvent déposer, et ces dépôts sont d'après la nature de ces fluides qui se matérialisent, passant d'un travail à l'autre et forment la terre, et la terre à son tour forme les métaux, et tout cela se fait par la fermentation, lesquels ne retournent en fluide qu'en passant par le creuset universel qui remet tout dans leur état primitif.

Il faut le concours des quatre éléments pour former les trois règnes de la nature, qui sont : le minéral, le végétal et l'animal, et il ne faut que l'air et le feu pour former l'eau, et il faut les trois fluides élémentaires, qui sont : l'air, le feu et l'eau, pour former la matière, où l'on voit que les fluides se matérialisent en passant d'un élément à l'autre.

CHAPITRE 7.

Formation de la Terre.

Quatrième élément.

La terre se forme par le concours des trois autres éléments, comme nous le voyons tous les jours : l'air, le feu et l'eau en fermentation nous donnent des corps vivants qui forment la matière par la constitution de leur corps, qui matérialise les trois éléments, qui servent à leur formation et à leur développement ; car la dissolution de leur corps donne la matière ; cette matière même, de son vivant, donne encore à la matière, par ses sécrétions, une plus grande quantité de matière ; car tous les êtres vivants boivent et mangent, c'est ce qui fournit aux sécrétions des animaux, qui sont infiniment plus abondantes en matière que la dissolution de leurs corps, et qui est à la vérité la dissolution des corps des animaux qui leur a servi de pâture. Donc la matière doit tout à la dissolution des corps, soit végétal ou animal, puisque ces trois fluides donnent la végétation et l'animalisation, et ceux-ci donnent à la matière ; c'est ainsi que la matière s'accroît aux dépens des fluides. Voici comment.

L'eau donne naissance à la terre en donnant naissance aux atômes qui l'animent ; ceux-ci, par mille combinaisons diverses, donnent naissance à des poissons, lesquels, se croisant les uns aux autres, ont augmenté les nombres des espèces que les atômes avaient formés, et la nature, dans sa formation, n'a jamais fini : seulement elle fait moins d'espèces nouvelles à présent qu'elle n'en a fait dans le commencement, par la raison que la nature a, à peu près, fait toutes les combinaisons qu'elle pouvait faire; mais il y en aura toujours, tant la nature est féconde, et les fluides, de leur nature, tendent à se matérialiser, puisque le travail dans chaque fluide acquiert du poids, ce qui les matérialise d'autant plus, que ce travail provient d'êtres vivants. Dans chaque fluide, le travail est toujours en raison de la nature de ce fluide ; par cette raison, le travail de l'eau est plus lourd que celui de l'air, aussi est-il une matière terrestre, car l'eau est composée, comme l'air, d'êtres vivants qui donnent naissance à des êtres beaucoup plus gros, lesquels, par la combinaison des uns avec les autres, donnent naissance à des poissons, et ces poissons, avec tous les atômes qui leur ont donné naissance, déposent leurs sécrétions au centre de la mer, c'est-à-dire à une certaine distance; car le centre de la mer est trop profond pour un poids si léger, qui, trouvant son équilibre à une certaine distance, a dû déposer uniformément autour du globe d'eau qui a formé une nouvelle terre. Donc, la terre est formée par les trois autres éléments qui agissent sur un globe naissant qui ne peut commencer que par un globe d'eau, lequel se forme par des brouillards, comme il est dit à la Formation des globes, chapitre 15.

Nous avons dit plus haut que la nature est éternelle, mais que toutes ses parties se renouvellent. Donc, les quatre éléments, qui sont les quatre parties principales, doivent se renouveler : voilà où nous pouvons reconnaître l'élément primitif. D'abord, l'air ne se renouvelle pas ; ou, s'il se renouvelle, je ne m'en suis pas encore aperçu ; mais il se matérialise en formant l'eau, comme je l'ai dit plus haut, au chapitre 6. D'un autre côté, il embrasse toute l'immensité ; il n'y a pas large comme le pouce qu'il n'y ait de l'air ; cela seul prouve qu'il est l'agent principal, et les trois autres éléments ne sont qu'en petite quantité, ce qui prouve encore qu'il sert à leur formation et que les trois autres éléments ne peuvent pas servir pour la sienne, et puis le bon sens veut que la plus grande partie soit pour la formation des autres, qui sont si petits à son égard, et chacun sait que tout travaille dans la nature, même les pierres dans le sein de la terre ; et l'air, quoique imperceptible à la vue, a son travail aussi, et c'est de son travail que la nature se forme en se métamorphosant d'une nature à l'autre et forme tant de diversité dans les minéraux, les végétaux et dans les animaux, allant du simple au composé, comme je l'ai dit dans plusieurs occasions, dont les brouillards sont le premier travail qui paraisse à la vue et qui se matérialise en passant d'un degré à l'autre, et ce brouillard se promenant dans l'immensité se grossit en ramassant tous les brouillards qui se trouvent sur son passage, lesquels étant échauffés par les rayons du soleil, se dissolvent au centre et forment l'eau, qui se trouve soutenue par de nouveaux brouillards qui l'entourent ; comme la dissolution de ce brouillard en eau est très-lente à se faire, les nouveaux brouillards qui s'amassent toujours à ce globe naissant ont assez de force pour contenir l'eau qui se forme au centre.

Cette espèce de nuage qui se promène dans l'immensité sur tous les sens, finit par prendre la forme ronde et forme un globe d'eau. Mais les brouillards qui se forment autour de nous ne font pas de même, ils se mêlent avec nos pluies et avec les rosées du matin, et arrosent nos champs ; mais ceux qui se forment dans l'immensité ne quittent pas le nuage qui les ramassent, et ne le peuvent pas, car rien ne les attire ailleurs ; ils se tiennent l'un à l'autre par l'homogénéité, c'est-à-dire comme étant de même nature ; ils ne forment qu'un tout ou qu'un ensemble, et étant à des millions de lieues de nous, tombant dans l'immensité moins vite que le fait une comète, vu sa légèreté, a le temps de se convertir en eau puis en planète, avant que d'arriver jusqu'à nous, d'autant plus que le soleil ne lui permet pas de l'approcher de trop près ; vu sa légèreté, il est toujours repoussé par ses rayons et ne peut s'approcher du soleil qu'en prenant du poids, ce qu'il fait par le travail de l'animalisation, et tout cela avant que nous puissions l'apercevoir : pour venir à ce point, il a fallu des milliers d'années, tandis que les brouillards qui se forment dans notre atmosphère n'y restent pas huit jours sans tomber sur nos têtes. Et c'est cette longue suite d'années qui a donné le temps au globe d'eau de former la terre à son centre par le dépôt de ces êtres qui l'animent, et ce dépôt tombant uniformément de sa circonférence vers le centre, a dû s'arrêter à une certaine distance, par plusieurs raisons ; premièrement, comme étant léger, il s'est arrêté lorsqu'il a trouvé son équilibre; en second lieu, ce dépôt tombant de la circonférence a formé une voûte qui a dû se joindre à une distance proportionnée à la grosseur du globe, ce qui a formé une terre au centre du globe d'eau qui, probablement, serait d'un rond parfait, s'il n'y avait pas plusieurs causes qui s'y soient opposées, tel que les tempêtes, qui bouleversent les eaux de la mer et qui ont dû bouleverser la forme naissante de la terre.

En second lieu, le plus ou le moins de travail occasionné par le plus ou le moins d'habitants de ces eaux qui déposent en raison de leur population.

En troisième lieu, par le travail même de cette terre naissante qui travaillait à proportion de ce qu'elle était chauffée par le soleil, qui rendait la mer plus poissonneuse et qui faisait travailler aussi la terre naissante. Toutes ces raisons ont concouru à déformer la terre, comme je l'explique dans plusieurs endroits, ce qui a formé les montagnes et les côtes.

AUTRE RAISONNEMENT

SUR LA

FORMATION DES TROIS ÉLÉMENTS.

LA FORMATION DES TROIS ÉLÉMENTS.

L'Air, premier élément. — C'est lui qui donne naissance à l'eau par le secours des feux du soleil; ensuite, l'eau, le feu et l'air donnent naissance à la matière, et les quatre éléments réunis donnent naissance à toute la nature, et la nature, pour se perpétuer, fait aujourd'hui ce qu'elle a toujours fait et qu'elle fera toujours.

Quoique les quatre éléments soient les quatre principes de la nature, ils ne laissent pas néanmoins que d'être assujétis eux-mêmes à une formation élémentaire qui se continue toujours; car l'air, principe de toute la nature, est toujours en action et fait aujourd'hui ce qu'il aurait fait s'il eût commencé, de même que les trois premiers éléments forment tous les jours le quatrième, qui est la terre ou la matière.

Et c'est du travail des quatre éléments que sort toute la nature; non pas que la matière forme la matière, mais elle prête son soutien, elle est comme

la charpente d'un édifice que l'on ne pourrait cons-
truire sans elle, qui soutiendrait l'édifice sans charpente? de même, qui soutiendrait les plantes et les
animaux sans la terre? N'est-ce pas la terre qui soutient les plantes par le pied, en même temps qu'elle
leur procure sa sève par leurs racines, et dont la
terre est le réservoir de l'eau et du feu ; l'eau n'a-
t-elle pas besoin elle-même de soutien? Quand à
l'air, il n'a pas besoin de réservoir ni de soutien,
puisqu'il est partout.

N'est-ce pas la matière qui soutient tous les
corps? Et c'est sur la terre que les corps s'appuient.
Sans matière, point d'os pour soutenir les corps ;
sans os, tous les corps ne seraient que des masses de
chair sans soutien, semblables à un édifice qui s'é-
croulerait sans la charpente qui le soutient, en même
temps que la terre soutient les plantes par le pied,
elle leur procure l'eau qui leur et nécessaire et dont
la terre est le réservoir; la terre soutient l'animal;
sans la terre, sur quoi marcherait-il? Sans la terre,
pas de point d'appui ni de réservoir pour l'eau ni
pour la chaleur, pour nourrir le pied du végétal et
la matière qui forme les os des animaux, qui en sont
les charpentes ; et la terre, en outre qu'elle est le
soutien des corps, elle est aussi le réservoir des
trois éléments qui donnent aux végétaux et aux animaux de quoi les alimenter en recevant du soleil
les quatre éléments d'une part, et l'eau de la mer,
dont la composition des corps ont grand besoin, et
sans laquelle rien ne pourrait venir : les rayons du

soleil donnent aux plantes en dardant dessus, et la terre reçoit aussi de son côté, pour alimenter les plantes pendant l'absence du soleil, ce qui fait que la nature est toujours en action.

Et, par cette raison, l'on voit que la matière n'entre pas dans la composition des corps ; mais la matière qui s'y trouve s'y est formée par le travail des trois premiers éléments, et que la matière est trop grossière pour monter avec la sève dans le corps des plantes, et qu'elle n'entre pas non plus dans l'animal, puisque ceux-ci se nourrissent de fruits, de légumes et de l'animal.

La matière ne rentre que dans la composition des minéraux, lesquels dépendent de la nature des terres qui les ont formés, ce qui donne une grande diversité dans les minéraux, puisque les terres qui les ont formés dépendent elles-mêmes de mille causes diverses qui sont trop étendues pour en faire mention ici ; j'en fais un ouvrage à part.

Belleville. — Imp. de GALBAN.

TROISIÈME PARTIE.

CHAPITRE 8.

COUP D'OEIL JETÉ A LA HATE POUR BIEN SAISIR LA COMPOSITION.

La nature est partagée entre la mort et la vie; chaque individu apporte avec lui, en naissant, l'obligation de mourir; la nature seule est éternelle; mais toutes ses parties se renouvellent : c'est ce qui la rajeunit. Elle seul prend soin de se perpétuer; elle a donné à chaque élément des propriétés convenables à leur nature.

Le soleil régénère la nature et détruit chacune de ses parties ; il fait par cette raison deux fonctions contraires, et il ne fait rien que de naturel. L'expérience nous apprend qu'un peu de chaleur convient aux trois règnes de la nature, qui sont : les minéraux, les végétaux et les animaux; mais une chaleur immodérée fait dessécher les plantes et languir les animaux, et un grand feu réduit tout en cendres. Voilà ce que fait le soleil au centre de l'univers : il attire tout à lui par les lois de la pesanteur, par une raison bien simple, car l'air qui l'entoure est plus léger que partout ailleurs, comme étant plus chargé de feu, puisque le feu est plus léger que l'air pur, ce qui fait que tous les corps sont portés à tomber sur lui; mais ses rayons les repoussent à proportion de leur distance, ce qui maintient leur équilibre, et le soleil, qui alimente tous les corps, leur fait prendre du poids, ce qui les fait descendre de plus en plus, et finissent par tomber sur lui, et sont déjà en fusion avant que d'y arriver, puisque les rayons chauffent à proportion des distances où les corps se trouvent à son égard.

Comme on le voit, tous les corps qui tombent sur le soleil sont réduits en cendres, et leurs parties se séparent et sont lancées par ses rayons partout l'univers, pour retourner d'où elles sont sorties, pour recommencer de nouveaux corps.

Le soleil donne aux globes de quoi les alimenter par ses rayons, et rend aux quatre éléments ce qu'ils ont donné à leur composition; c'est-à-dire que l'air retourne à l'air, l'eau retourne à l'eau, la matière retourne à la matière et le feu au feu, puisque les quatre éléments composent les rayons du soleil qui parcourent tout l'univers pour alimenter la fermentation et faire de nouveaux globes, pour les réduire plus tard; mais avant, il les charge de matières par la fermentation; puis, les planètes devenant plus pesantes, rentrent dans le courant de ses rayons et prennent un mouvement circulaire autour de lui à proportion de leur volume, et de la distance où elles sont à son égard.

C'est ainsi que le soleil gouverne son univers. Il fait et défait, et lui-même est assujetti à la loi de destruction, puisqu'il se détruit lui-même par ses feux, et serait bientôt consumé s'il n'était réparé de ses pertes par la chute des corps qui viennent lui rendre en gros ce qu'ils ont reçu de lui en détail; donc le soleil met toute la nature en mouvement en composant et en détruisant les corps, ce qui rajeunit la nature.

Je mets la décomposition avant la composition des corps, pour aider à saisir la composition, car on ne sera pas surpris de voir se rassembler toutes les parties qui étaient unies ensemble et qui ont été désunies par le foyer solaire, puisque ce foyer met tout en fusion d'une telle manière, que les métaux les plus durs sont réduits en un liquide volatil, tant la fusion est parfaite, et ce liquide est poussé dans tout l'univers par les rayons du soleil, qui rectifient encore la fusion faite par lui, puis, se balançant dans les airs, poussé et promené par ses rayons des millions de lieues, a le temps de se filtrer et de devenir aussi fin que l'air, à quelque chose près. Arrivé à une certaine distance, cette matière retombe sur nous et forme la force centripète qui agit sur nos têtes et qui nous est envoyé par la force centrifuge du soleil.

Aidé de ces idées, il sera plus facile de concevoir comment se fait la composition des corps, tant gros que petits, depuis l'atome jusqu'aux planètes : comme l'on voit, la matière étant promenée dans l'univers par les rayons du soleil, chaque corps prend ce qui lui convient, comme les végétaux prennent par leurs racines le suc de la terre qui leur est nécessaire : joint à cela, le corps de la plante reçoit encore par l'air et par les rayons du soleil ce qui est propre à son développement, ainsi que tous les corps organisés.

C'est un coup-d'œil jeté à la hâte pour donner une première idée de leur composition.

Voilà comme s'opère les merveilles de la nature, qu'un observateur judicieux peut voir, car elle ne se cache pas : c'est à nous d'ouvrir les yeux.

CHAPITRE 9.

DÉCOMPOSITION DES CORPS.

Fusion des corps. — Matières en mouvement. — Séparation des matières.

Fusion des corps.

Le soleil est une mer de matières combustibles où tous les corps y trouvent une fusion complète, de quelle nature qu'ils soient; ils sont même à moitié fondus avant que d'y arriver, tant ses rayons sont ardents : planètes et comètes, rien n'est épargné; il faut que tous les corps subissent la loi de la nature, pour, à leur tour, aller par tout l'univers alimenter d'autres corps, qui, un jour à venir, en feront autant; c'est ainsi que la nature travaille : elle détruit ceux-ci pour alimenter ceux-là, et c'est le soleil qui est chargé de cette mission de mettre en dissolution tous les corps par son foyer ardent; et, par ses rayons, de pousser cette matière en fusion par tout l'univers, pour échauffer les corps et les alimenter, ce qui met la nature toujours en mouvement et la rend éternelle; par cette raison, le soleil est le régénérateur de la nature; il donne à tous les corps les quatre éléments jusqu'à ce qu'ils aient un poids suffisant pour venir eux-mêmes lui rendre ce qu'ils ont reçus de lui, ce qui les acquitte de leurs dettes, comme nous, nous empruntons aux quatre éléments ce qui nous est nécessaire pour notre existence, et à notre mort, nous leur rendons ce qu'ils ont bien voulu nous prêter pour un temps.

Matière en mouvement.

C'est la matière en fusion qui compose les feux du soleil qui sont lancés par ses rayons par tout l'univers, pour animer tous les corps et les faire croître, en donnant à chacun d'eux les quatre éléments dont les rayons du soleil sont composés, quoique les quatre éléments soient pêle-mêle, puisqu'ils forment tous les quatre les rayons du soleil, les plantes et les animaux ne prennent que ce qui leur faut pour leur développement; et la nature entière trouve dans les feux du soleil de quoi l'alimenter dans tous ses besoins.

Cette mer ardente, qui tient en dissolution la matière dont elle a embrasé les corps, prépare cette matière à de nouveaux changements.

Séparation des matières.

La matière étant ainsi fondue dans le creuset universel, les quatre éléments se trouvent confondus les uns avec les autres; et quoique réunis, ne peuvent pas se combiner ensemble, ils sont dans un trop grand feu, puisque le feu dissout les métaux les plus durs, ce n'est pas pour leur permettre de se combiner ensemble; il faut donc qu'ils cherchent dans l'univers un endroit convenable, pour qu'ils puissent le faire : ils vont d'abord se séparer pour retourner chacun à leur tout, puis ensuite se combinent comme nous le voyons sous nos yeux.

Premièrement, le feu est dans son centre ; il n'a pas besoin d'en sortir pour retourner dans son tout, puisqu'il y est.

Le feu est un élément volatil, le plus léger des quatre éléments, le plus fin et le plus subtil. Rien ne peut le comprimer, il passe au travers du verre, et l'air n'y passe pas, et par cette raison, rien n'obstrue son passage, il pénètre dans l'immensité ; il occupe tout l'univers, et c'est sur ses feux que s'asseient les étoiles et les planètes qui nous entourent, chacune d'elles plonge dedans à proportion de son poids et de son volume.

Ce fluide est toujours en mouvement, par deux raisons ; comme étant volatil, il s'éloigne du centre qui est son départ.

En second lieu, il est poussé continuellement par de nouveaux feux qui le force encore à accélérer sa marche, qui se perd graduellement jusqu'aux étoiles.

Troisièmement, l'air étant partout, n'a qu'un léger effort à faire pour trouver son tout, puisque l'air embrasse toute l'immensité ; il n'a qu'à se séparer des trois autres éléments pour y être.

Quatrièmement, l'eau, par exemple, a beaucoup plus de chemin à faire ; elle se promène dans l'univers en brouillards, tant qu'elle est chauffée par les rayons du soleil, et ensuite, quand la chaleur lui manque, elle tombe en eau sur tous les globes.

Cinquièmement, la matière terrestre, dans l'état de fusion, est entraînée par la force des rayons du soleil, et promenée partout dans l'univers, se trouve par la fusion qu'elle a éprouvée et par sa filtration dans les airs, pendant des siècles entiers, dans l'état de pureté et retombe sur les globes ; c'est elle, en tombant, qui forme la force centripète qui agit sur nous.

Comme vous voyez, les matières désunies par le feu sont lancées par les rayons du soleil dans tout l'univers, pour former de nouveaux globes ; le feu n'anéantit rien, il ne fait que d'en séparer les parties et les pousse dans l'univers pour la formation de nouveaux corps ; ces matières, lancées de toutes parts autour de nous, sont imperceptibles, tant elles sont déliées ; étant ainsi dans leur état primitif, elles sont prêtes à recommencer ce qu'elles ont déjà fait.

Ma Cosmogonie renferme trois sciences à la fois, qui sont :

La Cosmogonie ;

La Cosmologie ;

Et la Cosmographie.

Cosmogonie, comme étant la sience de la formation de l'univers ;

Cosmologie, comme physique générale et raisonnée, qui fait voir l'analogie et l'union que toutes les parties ont entre elles ;

Cosmographie, comme science qui enseigne la construction, la figure, la disposition et le rapport de toutes les parties qui composent l'univers.

Ces trois sciences ont tant de rapport les unes avec les autres, que naturellement elles se présentent d'elles-mêmes à la composition de mon ouvrage, et que, par cette raison je dois les admettre d'après l'ordre de la nature ; et je croirais manquer grossièrement de ne pas suivre la marche que m'offre la nature elle-même, car pour vouloir faire trop de divisions, on devient inintelligible, puisque l'on coupe le fil des rapports que ces trois sciences ont ensemble.

QUATRIÈME PARTIE.

RÉGÉNÉRATION DES CORPS

OU

FORMATION DE LA NATURE.

CHAPITRE 10.

Réunion d'atomes en brouillards.

Nous avons dit, au chapitre précédent, qu'il n'y avait que la nature qui était éternelle, mais que toutes ses parties se renouvelaient ; donc, ce qui compose la nature commence et finit ; tous les corps célestes que nous voyons briller au firmament sont assujétis à cette loi, depuis l'atome jusqu'aux planètes, c'est ce qui maintient la nature toujours jeune.

Le premier travail de la nature est celui de l'air ; il n'a besoin que des feux du soleil, comme il est dit à la Formation des Eléments, deuxième partie, l'air étant échauffé par les feux du soleil, se met en fermentation et donne des atomes de première construction ayant une forme ronde : sans les avoir vu, je les juge ainsi, parce que l'eau cherche toujours le niveau et roule sur elle-même jusqu'à ce qu'elle soit dans un plan horizontal, et qu'il n'y a qu'une forme ronde qui puisse opérer l'action de rouler ; donc, l'eau nous annonce que les atomes du travail de l'air sont ronds, puisque l'eau est le résultat des brouillards occasionnés par le travail de l'air ; je prends pour seconde preuve le millet : étant d'une forme ronde et lisse, cherche aussi le niveau et roule sur lui-même, moins bien, il est vrai ; mais il est de toutes les graines celle qui roule le mieux et qui approche le plus de l'eau pour cette qualité. Voilà comme on détermine certaines choses sans les voir et dont on est comme sûr.

En troisième lieu, la semence qui produit les êtres vivants, vue au mycroscope, est ronde, et ne se développe que par un autre travail de la nature.

En quatrième lieu, les animaux ovipares, tels que les poissons, qui sont beaucoup plus avancés vers la vitalité que les premières ébauches de l'air, prouvent que le travail de l'air doit être rond, puisque leur œuf est oval, ce qui approche beaucoup de la figure ronde, et ces premières molécules organiques tombent dans l'immensité et forment des brouillards que le soleil attire à lui comme centre de l'univers, mais qui ne peuvent pas l'approcher qu'à une certaine distance, vu que la force des rayons les repoussent, ce qui change leur direction pour un temps, puis ensuite sont retiré de nouveau par le soleil, qui les repousse encore, ce qui leur donne le temps de se former en boules, vu que leur chute se fait en tous sens.

Le travail de la Nature.

La nature est admirable jusque dans ses plus petites actions ; son travail est autant de métamorphoses qui changent la nature des premiers éléments pour en former d'autres, ensuite le concours des quatre éléments forme la nature entière sous des formes diverses, et le premier travail est celui des atomes que les fluides élémentaires donnent pour leurs produits, qui se forment en brouillards, et qui, tombant çà et là dans l'immensité, forment divers nuages qui, étant chauffés par le soleil, se mettent en fermentation et accroissent leur volume, tant par leur chute que par leur travail; par leur chute, parce qu'ils ramassent les brouillards qui se trouvent sur leur passage; par leur travail, parce que les atomes qui composent ces brouillards en forment d'autres infiniment plus gros et d'une autre nature, et ces brouillards se transforment en eau au centre, qui se trouve toujours enveloppé par de nouveaux brouillards, et dont le nuage prend la forme ronde en tombant sur tous les sens, car, dans leur chute, ils ne sont pas sans trouver d'obstacles qui changent leur direction.

Le travail qui s'opère dans chaque fluide est en raison des corps qui le composent, de sorte que le travail épaissit le fluide qui le produit; celui-ci donne un second travail qui est encore plus épais, ainsi de suite de l'un à l'autre, c'est-à-dire de fluide en fluide la matière prend naissance, et cette matière travaille aussi, étant avec les fluides élémentaires. Et comment travaille-t-elle avec ces fluides? Elle est le soutien de ce travail, comme la charpente est le soutien d'un édifice : que seraient nos corps sans les os? une masse de chair sans soutien, qui ne pourrait pas se mouvoir; que seraient les plantes, sans la matière qui leur donne un soutien plus ou moins grand, selon la nature de la plante?

Belleville. — Imp. de GALBAN.

Plus de fruit sans matière, rien, pour mieux dire : la matière est le soutien des plantes comme des animaux; les arbres ont besoin de la terre pour leur faire un appui dont les racines se cramponnent pour maintenir la tige dans les airs, et tirer du sein de la terre l'eau que les pluies y ont déposée qui montent dans le corps de l'arbre par les petites racines, se combinent ensuite selon la nature de la plante avec le feu et l'air; mais le feu n'a pas besoin de la terre pour rentrer dans les plantes, ni l'air non plus, puisque l'air et le feu sont partout; donc le feu et l'air n'ont pas besoin de la terre pour alimenter les plantes afin de se combiner avec l'eau, mais l'eau ne peut pas s'en passer; donc une plante peut se déployer étant dans l'eau seulement, quand la nature de la plante demande beaucoup d'eau, tels que les oignons à fleur que l'on met dans une carafe déploient leurs tiges et donnent des fleurs remplies d'odeur; mais comme il ne faut à chaque plantes qu'une quantité d'eau nécessaire et que le trop leur est nuisible, il est de toute nécessité que les plantes aient des racines en terre, tant pour ne prendre d'eau que ce qui leur faut, que pour soutenir leurs tiges; donc nous voyons que la matière ne monte pas dans le corps de l'arbre, elle ne le peut pas, la matière n'étant pas vivante et étant trop grossière; mais les trois autres éléments le peuvent, tant par leur finesse que par leur vitalité, se combinent dans le corps des plantes et opèrent les beaux phénomènes de la nature qui se trouvent être dans le passage de la queue des feuilles.

Mais, l'on m'objectera que, puisqu'il y a de la matière dans les plantes, c'est qu'elle y est montée, et moi je dis c'est qu'elle s'y est formée par la combinaison des trois autres éléments ; donc la matière ne concourt nullement à la formation des corps, que la matière qui s'y trouve s'y est formée par la combinaison des trois autres éléments, parce que ces trois éléments se matérialisent dans leurs travaux, et que la matière reste toujours matière, jusqu'à ce qu'elle rentre dans le creuset universel qui est le soleil, qui réduit tout à sa première nature, en séparant toutes les parties les unes d'avec les autres.

Quoique la terre ne rentre pas dans la formation des corps, elle n'en joue pas moins un grand rôle dans la nature, puisque la nature ne peut pas s'en passer. Qui soutiendrait les mers, s'il n'y avait pas de terre? Que serait le globe sans terre? un globe d'eau, un nuage. Qui pourrait habiter ces deux éléments? des poissons et des atomes. C'est bien comme cela que la terre a commencé; mais aussi elle a beaucoup gagné en se matérialisant. Elle donne à la nature le moyen d'étaler aux yeux des savants son génie créateur, que l'on ne saurait trop admirer, tant par les beautés que l'on y découvre que par la structure des êtres vivants et le mécanisme universel.

L'Eau a commencé avant la Terre.

Premièrement, tous les fluides se transforment en

matière, et aucune matière ne se transforme en fluides.

Excepté à la décomposition générale, qui se fait au foyer solaire, où toutes ces parties retournent d'où elles sont sorties.

En second lieu, par la raison que la mer diminue plutôt que d'augmenter, c'est-à-dire en comparant les endroits où elle gagne avec ceux où elle perd, il y a plus de perte que de gain ; donc, la mer perd de son fluide ; l'on ne peut s'en apercevoir qu'après plusieurs siècles.

Troisièmement, que la terre annonce qu'elle a été couverte partout, par la mer, ce qui a été confirmé par les savants, est une preuve que la mer perd de son fluide.

Quatrièmement, que les fluides sont volatiles, et la matière ne l'est pas ; et que, par cette raison, les fluides peuvent s'accumuler et faire des nuages, et ces nuages faire des globes.

Donc, par la marche que la nature tient, il est facile de voir que la terre, sur laquelle nous sommes, a commencé en globe d'eau, puisque son travail la transforme en matière ; et si au contraire elle avait commencé en matière terrestre, son travail la transformerait en fluide, car le travail de la nature est de transformer une matière dans une autre : si la transformation se faisait de matière en fluide, notre globe s'allégerait et s'éloignerait du soleil ; et, au contraire, il s'en approche comme tous les autres globes. Donc, ce sont les fluides qui se transforment en matière, ce qui prouve que c'est l'eau qui a commencé ; et de tous les animaux, ce sont donc les poissons les plus anciens habitants du globe.

Fermentation de l'Eau.

Les quatre éléments sont quatre principes de vie différents, car il est de toute nécessité que leurs parties soient vivantes ; je ne veux pas dire d'une vie parfaite aux animaux qui nous entourent, mais d'une vie qui se perfectionne par la réunion des quatre éléments, et même, dans le besoin, avec le temps, la réunion de deux éléments suffisent, tel que l'air et le feu ; mais la réunion des quatre éléments opère plus promptement.

Donc, l'eau étant composée de principes vivants, recevant l'action des trois autres éléments par les rayons du soleil ; car nous avons dit plus haut que les rayons possèdaient les quatre éléments, et que, par cette raison, l'eau doit fermenter et produire des êtres organisés.

Observons d'abord que les êtres qui composent les quatre éléments sont de nature différentes, et que la fermentation de l'eau agit par quatre principes de vies organiques, qui se combinent l'un avec l'autre et forment de nouveaux êtres par ses alliances. Je ne crois pas pour cela qu'il faille les quatre êtres différents pour en former un cinquième : je crois bien que la nature n'a pas changé sa marche, que l'union de deux suffit pour donner une troisième espèce, quand l'union des deux est de deux espèces différentes ; car si l'union était d'une même espèce, le produit serait toujours le même ; mais deux espèces différentes en donnent une troisième qui, quoique différente, tient des deux espèces qui l'ont produit.

Si l'eau n'était pas fécondée par les trois autres éléments et qu'elle ne le soit que par elle-même, il ne s'y ferait aucun changement, et nous ne pourrions pas voir le travail de la fermentation, quoiqu'il y en aurait ; ce n'est donc que par le travail des espèces différentes que nous pouvons apercevoir du changement.

Il faut donc des espèces différentes pour que nous uous en apercevions ; c'est pourquoi nous disons qu'il faut le concours des quatre éléments pour la formation des corps, parce que ceux-ci font un changement dans les espèces.

Non content qu'il s'y fait un changement dans les formes, il s'en fait encore un dans les grosseurs et dans les grandeurs ; car, pour avoir des poissons monstrueux comme la baleine et tant d'autres, il a fallu bien des combinaisons pour arriver au point où la nature est maintenant : si nous ne voyons pas s'opérer ces grands changements, c'est que toutes les combinaisons sont à peu près toutes faites. Maintenant il faudrait, pour les voir, que l'on puisse accoupler les espèces originaires, comme la nature le fait ; mais si nous prenons des espèces bâtardes, qui ne se conviennent pas l'une à l'autre, ils nous produiront des mulets, et la génération se trouve arrêtée ; mais si nous savions choisir les espèces qui se conviennent, nous aurions une troisième espèce qui peut se reproduire, ce que l'on nomme métis.

Dans la génération, il y a deux choses à observer : l'une qui va en croissant et l'autre qui va en dégénérant ; quand deux espèces se conviennent sur tous les points, la nutrition se fait avec abondance, et les espèces prennent ample nourriture ; et, dans le cas contraire, les espèces dégénèrent faute d'en prendre, puisque la nutrition se fait avec peine. Donc, par suite des temps, les uns vont en croissant et les autres en diminuant ; mais si ceux qui vont en diminuant se joignent avec des espèces qui leur conviennent, ils reprendront par suite des temps ce qu'ils ont perdu, de même qu'une plante que l'on retire d'un terrain qui lui convient pour la mettre dans un autre qui ne lui convient pas, vous la voyez dépérir, et en la remettant dans un terrain qui lui convient, elle reprendra sa première vigueur.

C'est ainsi que tout nous prouve que la nature a procédé et procède encore, puisque nous la voyons sous nos yeux.

Je suis bien loin de croire que la nature soit remplie de germes de toutes les espèces en général ; alors la nature ne ferait plus rien par elle-même ; il n'y aurait plus que croissance de tous ces petits individus. Ce principe est détruit par celui-ci : que si tous les êtres étaient formés dans la nature, les petits ne prendraient pas la ressemblance du père et de la mère, ce qui prouve qu'ils se forment dans le corps de la mère en prenant sa ressemblance, comme une cuillère prend la forme du moule dans lequel on l'a coulée ; mais pourtant ce principe n'est pas exact sur tous les points, car la mère ferait toujours des femelles ; mais non, la nature a pourvu à cet inconvénient en donnant à la liqueur du mâle le pouvoir de communiquer sa ressemblance.

FERMENTATION DES 3 FLUIDES.

L'Eau, l'Air et le Feu forment les Poissons.

L'eau ayant commencé par des brouillards, ne contenait pas de poissons ; ils s'y sont donc formés, et pour que l'eau engendre des poissons monstrueux, il a fallu que la nature se combine de toutes les manières, du petit au grand, en allant toujours en augmentant par gradation, par les mélanges croisés des espèces différentes qui frayèrent ensemble.

C'est ainsi que la nature a multiplié les êtres, parmi lesquels il y en a qui s'éteignent de leur nature et qui tombent dans l'impuissance, tels que ceux qui sont connus sous le nom de mulets.

Nous sommes convaincus par l'expérience que tout travaille, que l'air, qui est imperceptible à la vue, donne, pour fruit de son travail, des brouillards qui se promènent dans l'immensité et se joignent avec la matière en dissolution que contient les rayons du soleil qui se combinent ensemble et forment des nuages, et ces nuages se transforment en eau à leur centre, en augmentant toujours de volume à proportion des brouillards qu'ils rencontrent sur leur passage : voilà donc la matière première si déliée et invisible de sa nature, changée et devenue visible, ensuite devenir grossière et pesante.

Qui est-ce qui a grossi dans la matière première, si ce ne sont les atomes qui se combinent et changent d'une nature à l'autre par les métamorphoses de la production d'espèces croisées les unes avec les autres, il s'est formé des petits poissons, lesquels frayant aussi ensemble ont grossi par suite des temps, à mesure que le globe prenait de l'accroissment et de la consistance qui donnait aux nouveaux êtres un développement plus grand, jusqu'à leur donner des grosseurs monstrueuses qu'ils perdent maintenant probablement, parce que la terre et les eaux perdent de leur vigueur. Il est sûr que les globes d'eau à leur naissance ne pouvaient pas supporter des poissons d'une énorme grosseur, tels que les baleines, ils auraient été trop pesants pour un si petit globe; mais à mesure que le globe prend de la grosseur et de la consistance, les êtres qui l'animaient en prenaient aussi et donnaient de nouvelles espèces conformes à la nature de ce nouveau globe, lesquelles n'ont pas de fin pour multiplier : les combinaisons de la nature sont intarissables.

Prenez l'eau la plus claire, ne se formera-t-il pas des insectes qui déposeront et qui transformeront l'eau en matière? En admettant que l'on remplace l'eau qui se sera évaporée par de nouvelle, en mettant cette eau dans un vase sur un plateau et son poids dans un autre, quand il y aura de l'évaporation, il sera facile de le voir et de la remplacer ; vous verrez, par suite des temps, un dépôt que l'eau aura formé. Donc l'eau se matérialise. Et donnez-moi un seulexemple où la matière tourne en fluide, il n'y en a pas.

Prenez un oignon à fleur, mettez-le dans une carafe, pesez-le avant et après, vous verrez une tige sortir de l'oignon avec des fleurs qui n'auront pas pris de terre pour se former, ni du poids de l'oignon ; au contraire, c'est que l'oignon a pris du poids aussi. Prenez une branche d'une plante qui aime l'eau, telle que le saule, qui vient le pied dans l'eau, vous la verrez en produire d'autres. Donc l'eau se transforme en matière, et la terre dans laquelle poussent les végétaux ne fournit rien au développement des plantes. C'est l'eau des pluies qui tombent journellement et les rayons du soleil qui fécondent les racines et le corps des plantes ; la terre n'en est que le soutien et l'entrepôt des éléments que la pluie et les rayons du soleil y ont déposé, ce qui fait croître les plantes aussi bien la nuit que le jour, et la terre ne sert seulement qu'à former les minéraux ; et si quelques matières nous servent à l'engrais, des terres, c'est qu'elles renferment des sucres ou des sels que l'eau dissout et qui montent avec les trois éléments dans le corps des plantes ; mais la matière est trop grosse pour y monter avec la sève, et en supposant qu'elle puisse

y monter, elle nous rendrait les fruits tout grave-
leux ; car la matière n'est que le dépôt des trois
autres éléments et qui n'est propre qu'aux minéraux. Si il y a des matières qui semblent propres à
l'accroissement des plantes, c'est qu'elles ne sont pas
proprement dites des matières ; elles sont d'une
qualité supérieure, c'est-à-dire qu'elles sont ou des
sels ou des sucres qui se dissolvent avec l'eau.

Voilà assez d'exemples qui nous font voir que les
fluides se transforment en matière ; il est inutile de
trop multiplier les exemples, cela ne fait qu'em-
brouiller le lecteur.

Deux espèces en donnent une troisième.

Pour que les espèces se multiplient à l'infini, il a
fallu que les premières espèces se mésallient les
unes aux autres ; car s'il ne l'eussent pas fait, les
premières espèces n'en eussent pas donné d'autres
que la leur ; il eut été bien difficile à l'eau d'engen-
drer des baleines et tant d'autres gros poissons, ce
qui eût été impossible, car la nature procède par
des voies raisonnables et non par purs caprices,
comme peuvent nous le dire des têtes écervelées, et
en procédant par la mésalliance ; il n'est pas éton-
nant de voir deux espèces différentes en produire
une troisième qui, quoique tenant de l'une et de
l'autre. peuvent donner un accroissement à cette
troisième espèce, et au contraire ce serait extraordinaire de voir des baleines grosses comme le pouce

et ainsi de suite, jusqu'à la grosseur qu'elles ont actuellement. C'est ce que l'on ne voit pas; pas plus que de voir des hommes de la grandeur du doigt, à moins que ce soient des ambrions.

Donc, chaque espèce dépend de l'alliance de deux espèces différentes et non d'un germe pour chaque espèce, déposé dans la matière première, si ce ne sont les atomes qui se combinent ensemble et changent d'une nature à l'autre; par les métamorphoses de la production d'espèces croisées les unes aux autres, qu'il se forme des petits poissons, lesquels frayent aussi ensemble et multiplient les espèces à l'infini.

Une expérience très-usitée dans le jardinage démontre que deux espèces qui se conviennent sur tous les points peuvent donner une perfection proportionnée aux convenances qu'elles ont l'une pour l'autre, c'est la greffe : veut-on avoir de beaux fruits? Il faut greffer le fruit que l'on veut avoir non pas sur une plante de même espèce, mais bien sur une autre d'une espèce différente, qui convient à la greffe qui produit un fruit beaucoup plus beau que le fruit sauvage. L'homme, par son industrie, a découvert un des mystères de la nature qui s'adapte parfaitement à ce que j'ai dit plus haut, que l'alliance de deux espèces en produisait une troisième, qui est ou perfection ou inférieure. C'est ainsi que la nature a opéré pour aller du petit au grand, par la perfection, tandis que d'autres qui prennent la mauvaise route vont en diminuant jusqu'à perdre leur race.

La greffe est le mélange de deux espèces de plantes, comme l'union de deux espèces d'animaux sont deux greffes qui se mêlent ensemble et en produisent une troisième, qui donne ou perfection ou imperfection. Voilà comme la nature grossit les espèces.

Tout se matérialise dans la Nature, en allant du fluide au matériel.

Je prends pour base de mon principe que si la terre entrait dans la formation des plantes, qu'une forêt qui donne une coupe de bois tous les dix ans devrait baisser la terre au bout de cent ans ou au bout de mille, à l'égard des grandes routes qui passent dedans ou à côté, puisque ce bois que l'on a retiré depuis mille ans, si on avait toute les cendres qui en proviennent, on trouverait pour le moins un pied d'élévation, ce qui devrait donner un pied d'abaissement à la forêt, si la terre avait fourni à son accroissement ; mais pas du tout, la terre est toujours au même niveau des routes, tel qu'on les a construites. Si les routes sont un peu plus élevées, c'est qu'on y a mis du sable et des pavés, sans cela le terrain est toujours au même niveau des routes. Je prends les forêts pour modèles, parce qu'on n'y apporte jamais d'engrais, c'est-à-dire de fumier.

Mais pourtant les végétaux possèdent beaucoup de matières, qui donc leur en procure ? Ce sont les rayons du soleil, car nous avons vu plus haut que les rayons étaient composés des quatre éléments qui alimentent les plantes tant par les racines que par le corps de l'arbre, puisque les rayons entrent en terre de plus de dix pieds de profondeur, ce qui alimente les racines.

Le Feu ou calorique de la Nature.

Le feu est le calorique de la nature, c'est-à-dire la quintescence des fluides élémentaires ; sa grande finesse le fait passer au travers du verre et met tous les fluides en fermentation ; sans calorique, point de vie animale, puisque c'est lui qui anime tous les animaux par son feu et qui donne à l'animal la sensibilité, et sans ce calorique, le sang se glace ainsi que l'eau ; il anime donc nos sens comme il anime la nature entière.

CHAPITRE 11.

Formation des globes d'eau.

Nous avons dit, à la Formation des Éléments, que l'air déposait comme tout autre fluide ; que ce dépôt était le produit de son travail, que cette réunion d'atomes, par leur chute, épurait les airs en ramassant tout ce qui se trouvait sur leur passage, formaient, par suite des temps, des nuages qui, se rondissant par leur chute, tombant tantôt d'un côté, tantôt de l'autre, forment à leur centre de l'eau qui les rend plus lourds et qui accélère leur marche, et qui grossissent toujours en ramassant ce qu'il trouvent sur leur passage, et ne s'arrêtent que quand ils rencontrent un courant formé par les rayons d'un soleil quelconque qui leur fait obstacle, et sur lequel les globes naissants viennent s'asseoir et former à nos yeux cette belle voûte étincelante formée par les étoiles, que l'atmosphère solaire tient en équilibre par ses feux, et recevant du soleil tout ce qui est nécessaire pour la fermentation, prennent du poids à proportion de leur travail et entrent dans l'atmosphère du soleil, à proportion de leur poids et de leur volume, et étant à une certaine distance dans cette atmosphère, prennent un mouvement circulaire autour du soleil et deviennent par là planètes ; mais il leur faut des laps de temps avant de devenir planètes.

Nous ne voyons pas autour de nous se former de pareils globes : c'est que les brouillards qui se forment autour de nous arrosent nos terres du jour au lendemain, et que ceux qui se forment dans l'immensité se promenant pendant des siècles entiers, ont le temps de s'y former, ainsi que ceux qui se forment dans notre univers ont plus de dix millions de lieues à parcourir, d'après mon principe, qui n'admet le soleil qu'à 547,500 lieues de la terre, ont le temps de se former en globes.

Les étoiles sont des globes naissants qui vont s'asseoir dans l'atmosphère des soleils, et elles y rentrent proportionnellement à leur poids et à leur volume ; quoique les étoiles fassent à notre vue la voûte de notre univers, elles ne laissent pas néanmoins d'être bien éloignées les unes des autres, quoiqu'elles nous paraissent bien près, leur éloignement nous les fait paraître plus petites, et elles nous semblent être toutes près les unes des autres, même celles qui sont dans l'atmosphère solaire d'un autre soleil que le nôtre. Le grand éloignement nous empêche de nous en apercevoir, puisque nous ne pouvons pas dire avec assurance voilà un soleil, puisqu'ils nous paraissent comme des étoiles, et l'on croit les reconnaître par leur brillant, qui pourrait encore bien nous tromper.

Les étoiles sont beaucoup plus éloignées de nous que notre soleil. Ainsi, d'une extrémité de la voûte à l'autre, il y a plus de 10 millions de lieux ; comme vous voyez, un brouillard qui tombe dans l'immensité ne pourrait pas en parcourir l'espace en mille ans, car les brouillards ne tombent pas vite ; pendant ce temps, le nuage a le temps de se former en globe, sans que l'on puisse l'apercevoir ; et quand il se formerait près de nous, il n'aurait pas le temps d'achever sa formation, la force centripète qui agit sur nous le dissiperait et le ferait tomber en pluie, et au contraire étant éloigné de nous, cette force centripète, qui est occasionnée par les rayons du soleil, ne fait que l'alimenter de ses feux et lui donne de la consistance, et qu'étant près de nous rentrerait dans notre atmosphère et tomberait en pluie sur nos têtes.

Nous voyons, par tous ces raisonnements, comment se forment les étoiles, lesquelles s'approchent du soleil en raison de leur poids et de leur volume, car elles acquièrent du poids et du volume, tant par les rayons du soleil que par la fermentation, rentrent de plus en plus dans l'atmosphère solaire, et si de ces deux choses, du poids et du volume, il y en a une qui excède l'autre, celui-ci doit dominer.

Comme, par exemple, si le poids excède le volume, ce nouveau globe doit rentrer dans l'atmosphère solaire ; si au contraire le volume excède le poids, il doit s'élever dans l'atmosphère en s'éloignant du soleil ; mais comme il est plus facile à un corps de prendre du poids que de prendre du volume, puisque toutes ses parties se resserrent, c'est pourquoi que tous les corps tendent vers le soleil ;

Belleville. — Imp. de GALBAN.

mais si son poids est tel qu'il l'entraîne vers une autre direction par la force du poids, cette étoile devient comète, et elle roule dans l'immensité jusqu'à ce qu'un autre corps l'arrête ou lui change sa direction, comme également sa direction peut la conduire vers le soleil pour être anéantie par lui et l'alimenter des pertes qu'il fait chaque jour.

Mais si son poids s'accroît lentement, cette nouvelle comète prend son équilibre dans le courant que forme les rayons du soleil et devient planète, elle est forcée de tourner autour du soleil, car un corps ne peut pas rester en repos dans un courant ; ce courant la force de tourner ou d'un côté ou de l'autre, et si les planètes tournent toutes du même côté, c'est que les premières auront, par leur courant, entraîné les autres : il n'a fallu que la première pour forcer les autres à tourner du même côté, car la seconde planète passant dans l'orbe de la première, a dû prendre le même courant circulaire autour du soleil, n'ayant encore que son poidsqui l'entraînait vers lui, se trouve forcé de prendre le même mouvement, soit dans un temps ou dans l'autre, c'est pourquoi que toutes les planètes tournent toutes du même côté ; mais si la comète ou la planète qui a un mouvement contraire aux autres est plus grosse, elle continuera sa marche ; mais à force de recevoir des impulsions dans leur rencontre, elles ont dû céder et prendre le même mouvement, il y a tout lieu de le croire, qu'il n'y a que ces sortes de causes qui peuvent avoir donné le même courant à toutes les planètes. Des auteurs disent que ce même courant provient du mouvement que le soleil a sur lui-même : moi, je dis que le mouvement que le soleil a sur lui-même est plutôt l'effet de l'impression que lui font Mercure et Vénus, qui sont assez près de lui pour lui donner le même mouvement qu'elles ont elles-mêmes ; et puis, ce qui fait voir la cause qui les fait tourner toutes du même côté, c'est que le mouvement de toutes les planètes se fait dans une largeur de 7 degrés ½, ce qui les fait rencontrer d'assez près pour donner à toutes le même mouvement.

Une planète qui acquiert du poids disproportionnellement à son volume, descend vers le soleil à proportion du poids qu'elle acquiert en dessus de son volume, et peut, de degrés en degrés, se précipiter sur le soleil, lequel peut, en moins de rien, la réduire en cendre, et celle-ci, remplacée par une autre ou par plusieurs, il n'y paraît plus ; voilà comme la nature se rajeûnit : il en est de même des corps célestes comme des peuples, ils se renouvellent tous les jours.

Formation des globes d'eau.

Le soleil, par son feu, dissout la matière dont il est composé ainsi que celle des corps qui se jettent sur lui et ne fait qu'une mer de matière en fusion. Cette mer ardente volatilise la matière qui la compose, ce qui forme les rayons solaires qui transportent dans tout l'univers ces matières qui se séparent dans les régions de l'air pour former de nouveaux corps.

L'air retourne à l'air.

Le feu formant les rayons solaires, se trouve partout.

La terre, mise en fusion, se mêle avec les rayons du soleil, ce qui conserve la chaleur plus longtemps.

L'eau se forme en brouillards et entraîne avec elle les épurations de l'air ; comme lui étant homogène, forment des nuages qui se rondissent par leur chute, en décrivant des courbes, lesquels, chauffés par le soleil, met en fermentation la matière de ces nouveaux globes qui grossissent toujours en ramassant continuellement de nouveaux brouillards qui se trouvent sur leur passage, et la matière, mise en fusion, retombe sur tous les corps et leur donne de la consistance.

Comme vous voyez, les matières désunies par le feu sont lancées par les rayons du soleil dans tout l'univers, pour former de nouveaux globes. Le feu n'anéantit rien, il ne fait que d'en séparer les parties et les pousse dans l'univers pour la formation de nouveaux corps. Ces matières sont lancées de toutes parts sous nos yeux, et nous ne les voyons pas, tant elles sont déliées.

La matière mise en fusion est imperceptible ; car, jugez de la chaleur qu'elle a éprouvé dans le foyer solaire, et du temps qu'il lui a fallu pour venir jusqu'à nous, ce qui l'a rendu dans son état primitif, propre à recommencer ce qu'elle a déjà fait.

Il est bon de vous dire que le soleil ayant enlevé toutes ces matières à plus de 10 millions de lieues de lui, ont le temps de se former en globe avant que de paraître à nos yeux, car ce n'est pas le tout que d'avoir été enlevées à une telle hauteur, il faut encore faire autant de chemin pour redescendre, surtout dans le commencement de leur formation, où la chute est lente : elle ne s'accélère qu'en prenant du poids.

C'est par cette formation que la nature se renouvelle et qu'elle seule est éternelle, et que toutes les parties qui la composent commencent et finissent, et si les parties principales, telles que les planètes et les soleils étaient sans fin, c'est qu'elles auraient été sans commencement et seraient indépendantes de l'être suprême, puisqu'il ne leur aurait pas donné naissance.

Tout nous prouve le contraire ; tout ce qui nous entoure commence et finit, depuis les plus petites choses jusqu'aux plus grandes, et il en est de même des planètes, qui trouvent leur fin dans les feux du soleil, et leurs débris forment d'autres planètes.

CHAPITRE 12.

—◆◆◆—

Formation des Étoiles et des Planètes.

Tout, dans la nature, prend naissance et périt;
il n'y a que la nature qui est éternelle, mais toutes
ses parties se renouvellent. Donc les planètes, quoique énormément grosses, prennent naissance aussi;
mais pour former un volume si conséquent, il lui
faut un espace proportionné à sa grosseur, pour la
former, et toute matérielle qu'elle est. Elle a commencé par des brouillards, car que peut-elle rencontrer dans l'univers qui puisse s'incorporer à elle
et faire un tout aussi bien assemblé, car ce n'est pas
un autre corps qui peut se joindre à elle; il ne
pourrait que la suivre; il ne peut donc y avoir pour
la former que les brouillards, qui sont le résidu du
travail de l'air; et comme nous avons démontré que
l'air est le père de toute la nature, il n'est pas éton-
nant qu'il forme les planètes par le résidu de son
travail, qui est en chute dans tout l'univers, comme
étant plus lourd que l'air, puisqu'il en est le travail
de premier degré, ce brouillard en tombant se
grossit de plus en plus et forme un nuage qui, tombant sur tous les sens, car il n'est pas sans trouver
d'obstacles qui lui font changer sa direction et qui
l'obligent de prendre la forme ronde, et ce brouil-

lard, échauffé par le soleil se convertit en eau au centre, qui est le second degré du travail de la nature qui soit visible à la vue, et cette planète naissante, en même temps qu'elle se matérialise au centre, elle évapore autour d'elle une vapeur qui lui sert d'atmosphère qui l'allégit d'un poids égal à sa légèreté, ce qui la fait monter au rang des étoiles et y trouve sa stabilité, jusqu'à ce qu'elle acquière assez de poids pour descendre au rang des planètes.

C'est-à-dire lorsqu'elle rentre dans le courant des rayons du soleil, car à la distance des étoiles, le courant des rayons est amorti, vu la grande distance au soleil, et les rayons ne forment plus qu'une mer sur laquelle viennent s'asseoir les étoiles à une distance convenable à leur poids et à leur volume, et lorsqu'elles sont rentrées dans le courant des rayons, elles prennent un mouvement circulaire autour du soleil. C'est ce qui la constitue planète.

CHAPITRE 13.

FORMATION DES POISSONS.

Tout le monde sait que l'eau en fermentation
donne une infinité d'insectes qui, par la métamorphose donnent des espèces différentes proportion-
nées au globe naissant, qui, par suite des temps,
en acquiérant de la force, donne naissance à des
petits poissons. Il a fallu du temps à la nature pour
grossir et multiplier les espèces comme elles le sont
aujourd'hui, car la nature est lente dans ses opérations ; de sorte que les espèces se sont grossies en
même temps que la terre prenait du corps.

Je dis que les poissons ont grossi à mesure que
le nouveau globe prenait de la grosseur ; non pas
que je fasse grossir les poissons à volonté, mais bien
comme l'expérience nous le fait voir, car ce nouveau globe n'avait pas la propriété qu'il a aujour-
d'hui, étant moins gros il renfermait moins de chaleur ; et n'étant que globe d'eau, il avait beaucoup
moins de différentes matières, car alors la terre n'y
étant pas, ce globe était privé de toutes les matières
qu'elle renferme aujourd'hui, et qui ont dû donner
tour à tour à la mer de nouveaux habitants de différentes espèces, selon le genre de terrain qui se
formait ; ensuite, ces terrains formèrent divers mé-

taux qui, à leur tour donnèrent de nouvelles espèces. Ensuite, les diverses espèces se croisant les unes aux autres, en ont donné encore de nouvelles. Voilà comme tous les gros animaux se sont engendrés et ont fait des espèces monstrueuses qui n'auraient pas pu se soutenir dans un globe naissant, n'ayant pas assez d'eau pour les contenir ni assez de force pour les retenir. La nature est une bonne ouvrière qui sait donner à chaque corps les propriétés qui leur conviennent et amener par ce moyen les molécules de première construction à former des espèces monstrueuses, tel que la baleine et tant d'autres poissons.

La nature forme encore sous nos yeux des milliers de métamorphoses qui changent la nature des espèces et multiplient les espèces à l'infini, et ces métamorphoses sont fréquentes dans les insectes, surtout dans les insectes de première construction, puis les mélanges d'espèces ont perfectionné les grosseurs, les formes et les facultés de tous les êtres en général, et non pas comme le croient bien des personnes, que la nature possède en elle, les germes de toutes les espèces de plantes et d'animaux, qui n'ont plus qu'à se déployer puisqu'ils ont les formes de ce qu'ils doivent produire.

Si c'était ainsi, la nature ne ferait rien de merveilleux ; elle ne ferait que de déployer ce qui serait formé dans son sein, mais pourtant nous voyons le contraire, lorsqu'un noir habite avec une blanche ils font un mulâtre qui tient des deux espèces qui l'ont produit, et nous voyons en lui la couleur changer, et la forme de la figure, qui a pris un juste-milieu du père et de la mère. Donc le germe s'est formé par leur union ou pour mieux dire le germe a changé de nature en participant des deux espèces qui l'ont produit, ce qui fait voir que la nature a donné aux premiers germes la faculté de s'incorporer les uns aux autres et de communiquer leur ressemblance et de former de nouveaux germes ; donc tous les germes ne sont pas de première origine de la nature, ils s'y forment d'après les circonstances. Voici comment.

La terre ayant commencé en globe d'eau, ne pouvait pas contenir en elle des germes qui n'appartiennent qu'à la terre, tels que les plantes, qui ne peuvent se former que par la terre, et le globe doit former d'abord la terre avant que de former les germes qui en résultent. Le germe animal terrestre ne peut se former qu'après les végétaux, car qui nourrirait l'animal, s'il n'y avait pas de végétaux ? Comme l'on voit, les germes ne sont pas tous formés dans la nature ; ils s'y forment d'après les circonstances qui suivent les lois de la fermentation, qui veulent que deux germes animaux en forment un troisième quand le mélange se convient ; et quand il ne se convient pas il ne forme rien, et s'il ne se convient qu'à demi, il forme des mulets qui ne peuvent pas se reproduire, et le germe des plantes se forme d'après la nature des terrains : vous dire comment, je n'en sais rien. Quant à celui des animaux, on voit que les deux germes s'incorporent ensemble et en forment un troisième ; mais pour les plantes, je n'ai encore rien aperçu. J'ai bien découvert des choses, et j'en vois encore plus à découvrir que je n'en ai découvert, tant la nature est intarissable dans sa formation.

CHAPITRE 14.

FORMATION DE LA TERRE ET SON IRRÉGULARITÉ.

Comme tous les fluides se matérialisent par le travail de la fermentation, tout globe d'eau doit, par suite des temps, se transformer en globe terrestre, c'est-à-dire que l'eau doit se transformer en terre par les merveilles de la fermentation. Tout le monde sait que l'eau produit elle-même ses habitants, depuis les plus petits insectes jusqu'aux plus gros poissons ; tous ces animaux trouvent leur nourriture dans l'eau en se mangeant les uns les autres.

La nature, prévoyante pour tous les temps, a construit les petits poissons d'une nature à fournir abondamment à la génération comme devant servir à la nourriture des gros poissons, ce qui fournit aux sécrétions digestives qui déposent vers le centre du globe d'eau et venant de la circonférence, forment une voûte en tombant qui se joint à une distance convenable à la chute de ces dépôts, car l'on conçoit que ces dépôts venant tous de la circonférence, qui est le cercle le plus grand, en tombant, forment des cercles plus petits à mesure que ce dépôt tombe, il s'accumule de plus en plus et finit par s'accroître avant que d'arriver au centre, ce qui forme le nouveau globe, qui grossit de plus en plus, à proportion des populations qui sont dans le globe d'eau qui font monter la nouvelle terre vers la circonférence, qui serait parfaitement ronde, si elle n'avait pas éprouvé des bouleversements par les tempêtes des eaux qui l'ont formé, ce qui l'a rendu si difforme en lui formant des côtes, des montagnes et des cavités comme sont toutes les terres.

Je dis les terres, car la lune nous présente aussi des montagnes, et il est probable que toutes les autres planètes en ont aussi, en supposant même qu'elles aient commencé par un bloc matériel; mais cette longue suite de côtes prouve un affaissement dans sa formation, ce qui nous prouve que notre globe a été globe d'eau, et que tous les autres l'on été aussi, et qu'il est impossible qu'un globe commence par le matériel; qui le soutiendrait dans les airs, et de quel endroit sortirait-il? Est-ce du soleil, comme il y en a qui le prétendent? Mais le soleil est une mer de matière combustible, aucun bloc ne peut pas se détacher de son fonds, même quand une comète l'effleurerait en passant; le liquide l'en empêcherait, et nous voyons au contraire les vapeurs s'élever dans les airs et s'y promener au gré des vents; il est certain que la nature fait dans un endroit ce qu'elle fait partout ailleurs, et que par cette raison toutes les planètes ont commencé en globes d'eau et se sont matérialisées par le travail de la fermentation.

Les atomes de l'Eau.

L'eau est composée d'atomes qui roulent les uns

sur les autres et qui n'en sont pas moins vivants, mais d'une petitesse infinie et lisse, ce qui les fait glisser les uns sur les autres ; ceux-ci, par un travail que les rayons du soleil leur donne, forment des petits êtres dont l'eau est remplie, qui en forment encore d'autres , parmi lesquels se trouvent des petits poissons. Ceux-ci, à leur tour, en forment d'autres plus gros, et ainsi de suite de l'un à l'autre, de plus gros en plus gros, non pas à la grosseur de ceux que nous connaissons, car ils n'ont grossi qu'à fur et à mesure que le nouveau globe prenait de la grosseur, car il n'aurait pas été possible que de gros poissons puissent se soutenir dans un petit globe. Il est raisonnable de croire que les espèces ont grossi à proportion du globe ; maintenant, tous les atomes qui composent l'eau et tous les êtres qui en résultent, les petits comme les gros, font un limon qui dépose à une certaine distance en mer, ce qui forme à la mer un fond, qui donne naissance à une nouvelle terre, et, par suite de milliers d'années, prend consistance ; mais avant que d'être bien solide, combien ce nouveau fonds a-t-il dû essuyer d'ébranlements par les tempêtes de la nouvelle mer ! Ce qui a dû refouler plusieurs parties de ce nouveau globe, lesquels étant refoulés, ont dû en faire monter d'autres parties, et ainsi de suite, jusqu'à ce que ce fond ait pris assez de force pour résister à la tempête du nouveau globe.

Par ces raison, ne soyez pas étonné si la terre est montagneuse et remplie de profondeurs, c'est qu'elle a éprouvé des tempêtes dans sa formation, ce qui l'a rendu montagneuse comme elle est. Et, comme elle s'est formée par le limon des mers, elle a dû former des montagnes aux endroits où elle avait le plus de poissons, le dépôt étant plus fort ; car l'on sait que beaucoup de poissons vont par troupe, ce qui a encore contribué à l'irrégularité de la terre.

D'après mon système, la terre a commencé en globe d'eau et non en globe terrestre, comme presque tout le monde le croyait.

J'établis pour raison : puisque la terre a commencé, elle n'a pu commencer que par des brouillards et non par des matières terrestres. Car, que l'on s'y prenne comme l'on voudra, il faut admettre de l'eau dans son commencement, sans laquelle rien ne peut croître, et l'eau peut se passer de terre, puisque l'air, le feu et l'eau en fournissent par la fermentation .de ces trois éléments, et que la terre sans eau ne peut rien faire : nous voyons tous les jours l'eau se transformer en terre à l'aide de la fermentation, et la terre ne change jamais en eau ; elle reste toujours terre. Par exemple, la terre se transforme en mines de toutes natures, et la mine de charbon de terre est celle qui change le plus facilement, puisqu'un feu ordinaire la fait changer de nature, du moins une grande partie, et la partie consumée par le feu a rendu aux trois autres éléments ce qu'elle leur avait emprunté. Mais il faut à la terre une fusion complète pour la forcer de restituer aux trois autres éléments ce qu'elle leur a pris ; mais pour voir les trois autres éléments se métamorphoser en terre, c'est ce que l'on voit tous les jours par la fermentation qui s'opère aussi par les rayons du soleil qui s'absorbent sur notre terre en matière terrestre. Ainsi, comme vous voyez, la fermentation et les rayons du soleil forment la matière, mais la matière ne forme nullement les trois autres éléments, c'est-à-dire qu'elle ne se décompose pas sous nos yeux pour rendre aux trois autres éléments ce qu'elle leur a pris ; il lui faut une fusion complète pour la forcer à séparer ses parties, tel que le foyer universel, qui est le soleil, qui la met dans une telle fusion que chacune de ses parties retournent d'où elles sont sorties ; et ce sont les rayons du soleil qui sont chargés de les transporter à leur tout.

Mais comment admettre que ce soit la matière qui ait commencé à former notre globe ? La matière n'est pas volatile, pour quitter son tout et aller commencer une nouvelle terre dans les régions de l'air, il ne peut y avoir que des vapeurs, des brouillards, qui sont plus légers que l'air, qui peuvent commencer un globe en se promenant dans les régions de l'air, ramassant tous les brouillards qui se trouvent sur leur passage, et se grossissant de plus en plus, vont chercher un point d'appui, c'est-à-dire un équilibre dans l'immensité, pour former une nouvelle terre. L'expérience nous le fait voir ainsi.

Ce qui vient à l'appui de ce que j'avance, c'est

qu'il y a trois fois plus d'eau que de terre, et que dans le commencement il y en avait encore davantage. Puisque nous voyons que la nature transforme tout en matière : depuis si longtemps que notre terre existe, elle a dû user beaucoup d'eau dans son travail, et il y en a encore trois fois plus que de terre ; donc, notre globe a été un globe d'eau, et si notre terre était une portion du soleil, que la chute d'une comète eût détachée en tombant sur lui obliquement, comme le prétendent plusieurs auteurs, on verrait s'opérer de pareils phénomènes de temps à autre ; car cette opération ne pourrait se faire qu'en entraînant une grande partie lumineuse qui suivrait la partie détachée du soleil. C'est ce dont les auteurs ne parlent pas ; mais d'un autre côté, comment cette comète pourrait-elle détacher du soleil une portion de terre ou de matière, puisque le soleil est en fusion à sa circonférence, ce qui empêcherait à la comète d'en détacher une portion, car la fusion du soleil doit être comme une mer, et la partie qui se détacherait, si c'était possible, roulerait longtemps dans l'immensité avant que de s'éteindre, ce qui donnerait le temps aux observateurs de s'en apercevoir ; aucun n'en parle, on ne pourrait admettre de pareils principes que si l'on voyait la chute d'un corps qui, en effleurant le soleil, entraînerait des parties lumineuses à sa suite. Cette opération de la nature, pour augmenter les corps célestes, ne serait pas sans se voir de temps à autre, comme l'on voit des corps se jeter sur le soleil ; or

Belleville. — Imp. de GALBAN

donc, on voit de temps en temps des comètes disparaître en l'approchant trop près, et l'on ne voit
jamais des parcelles du soleil suivre une comète qui
l'auraient effleuré, ce qui serait facile à voir, puisque
ces parcelles seraient enflammées et ne pourraient
s'éteindre qu'après avoir quitté les rayons du soleil.

Pour quant à mon principe, l'on ne peut pas distinguer un globe qui commence d'avec les étoiles
ou des comètes, comme étant trop éloignées puisqu'elles ne peuvent pas se former près de nous; le
soleil les fait dissoudre en eau et tombent sur notre
globe et arrose nos terres; et, à une distance éloignée, il donne au contraire pour sa formation, car
il l'échauffe par ses rayons et lui fournit les quatre
éléments, qui lui aident à former une terre dans le
centre, c'est-à-dire à une certaine distance de sa
circonférence, car le centre est trop éloigné pour
que les sécrétions des poissons et des atomes qui
habitent le nouveau globe puissent descendre si bas;
ils trouvent leur équilibre à une certaine distance
de la circonférence, et forment une nouvelle terre.

Ce qui prouve que la terre a pris naissance en
globe d'eau, c'est qu'il y a trois fois plus d'eau que
de terre, et que le centre de la terre est une mer:
la nappe d'eau que l'on trouve à peu de profondeur
en terre, prouve que plus bas il y en a encore davantage. Les correspondances que les mers ont les
unes avec les autres en dessous terre, prouvent
bien que le centre est une mer; les herbages que
l'on trouve dans de certaines mers et qui croissent

loin de ces endroits, prouve bien qu'elles ont passé
sous terre par des correspondances que les mers
ont les unes aux autres, et d'autres observations
prouvent que la mer a couvert toute la terre.

Les coquilles et toutes autres productions de la
mer que l'on trouve par couche par toute la terre,
viennent à l'appui de mon système, que des sécrétions des poissons, du limon des eaux et des rayons
du soleil s'est formé le fond de la mer qui, par des
laps de temps a formé le globe terrestre.

Les couches horizontales que l'on trouve sur le
globe prouvent qu'il a commencé en globe d'eau,
puisque l'inspection de toutes ces couches, qui
sont en grand nombre, démontre la formation par
un globe d'eau qui dépose continuellement, a formé
toutes ces couches les unes après les autres horizontalement.

Si la nature de la terre était de produire des co-
quillages, ils se trouveraient aussi bien en couches
verticales qu'en couches horizontales, mais ils ne
se trouvent qu'en couches horizontales, ce qui
prouve que c'est le dépôt de la mer qui a formé la
terre.

Forme de la Terre.

La forme ronde est la forme naturelle que prennent tous les corps en mouvement dans leur formation ; ils ne peuvent pas en prendre d'autres, puisqu'ils roulent sur tous les sens ; et, de plus, le
frottement aussi en tous sens, je parle d'un mouvement de rotation, car la chute d'un corps sans ro-

tation ne peut que s'allonger, puisque les parties de l'air frottent les côtés du corps qui est en chute, et le haut du corps ne reçoit aucune impression et s'allonge par la pression des côtés occasionnés par l'air, qui forme comme un courant à son égard, et tout corps qui a une rotation ne peut que se rondir tant grande que soit la circonférence qu'il décrit.

Ils sont aussi sujets à changer de côté lorsqu'ils trouvent un obstacle. Ils peuvent s'arrêter ou changer de direction.

CHAPITRE 15.

APPARITION DE LA TERRE.

La terre n'étant que des couches de matières formées par le limon des eaux, est à peu de distance de
la circonférence, en comparaison de son centre, qui
est à 1,500 lieues. Ces couches de terre forment la
voûte vers le centre, ce qui fait une mer souterraine. Ces couches, qui forment la voûte en dedans,
forment aussi le globe terrestre sur lequel nous
sommes, et qui à sa formation était couvert d'eau
tout autour; il ne devait pas toujours rester couvert, le travail des eaux le fait monter vers la circonférence : les montagnes sont les premières qui
ont paru, ensuite les côtes, puis les pays plats, qui
s'élevaient à proportion du limon que formaient les
populations des eaux, qui étaient plus nombreuses
sous le soleil que vers les pôles, ce qui contribuait
à l'aplatissement des pôles et qui y contribue toujours, car la nature n'est jamais en repos.

Et pour venir au point où il est, il a fallu bien
des milliers d'années, que l'on apprécie par les
couches de terre que l'on découvre par les fouilles
que l'on a fait et que l'on fait encore tous les jours ;
ces couches étant formées par le limon des mers,
on juge par leur épaisseur, d'après les observations
faites de nos jours, qu'elles peuvent avoir soixante
mille ans pour le moins, depuis le commencement

de leur formation ; et notre globe étant toujours dans son travail, se matérialise de plus en plus et ne peut le faire qu'aux dépens des trois fluides élémentaires : l'eau fournit le plus à la matière ; par cette raison, les eaux de la mer baissent, et le globe terrestre augmente tous les jours, et notre globe a deux époques que l'on ne peut pas distinguer l'une de l'autre, le commencement de sa formation et sa naissance, car l'on sait que la formation n'est pas la naissance : sa naissance, c'est sa sortie hors des eaux, que l'on ne peut pas apprécier d'aucune manière, et sa formation donne quelques indices, et que sa naissance n'en donne pas.

Puis viennent les trois règnes de la nature, qui sont :

Le minéral ;

Le végétal ;

Et l'animal.

Ces trois règnes sont trop étendus pour les traiter ici ; j'en fais un ouvrage séparé.

CHAPITRE 16.

Le centre de la Terre.

Le centre de la terre est une mer et non matériel ;
s'il était matériel, pourquoi, en creusant, trouve-ton
la nappe d'eau ? Si la terre était matérielle jusqu'au
centre, il y aurait moins d'eau au centre qu'à la superficie, parce que la superficie est arrosée tous les
jours, et si cette eau qui tombe allait trouver le
centre, il y aurait longtemps que la terre baignerait
dans l'eau ; de sorte qu'en creusant on devrait
trouver de suite l'eau ; mais non, il faut aller chercher la nappe, et puis il faut une pluie de quinze
jours ou d'un mois pour imbiber la terre à dix ou
douze pieds de profondeur, ce qui est une pluie
extraordinaire ; car quand la terre est imbibée, l'eau
ne peut plus entrer, elle va trouver les endroits bas
et va à la rivière. Jugez combien il faudrait qu'il
tombe d'eau pour imbiber jusqu'à la nappe, quand
même elle ne serait qu'à vingt pieds de profondeur.

Or donc, toute l'eau que l'on trouve à la nappe
d'eau ainsi qu'au-dessous, ne peut pas provenir des
pluies ; puisqu'elle ne descend pas si bas que la
nappe et que la nappe se trouve être la limite de
l'eau centrale. Si les pluies s'imbibaient toujours
dans la terre, la terre baignerait dans l'eau jusqu'à

sa superficie, et l'on ne pourrait pas creuser nulle part sans être arrêté par l'eau. Ce qui prouve que le centre est une mer, c'est la communication souterraine d'une mer à l'autre, que l'on a reconnue par des herbages qui poussent dans un endroit et que l'on trouve flotter dans l'autre.

Si l'eau s'imbibait toujours, les rivières devraient noyer les terres par où elles passe, ce qu'elle ne fait pas ; car nous voyons des rivières et des canaux avoir des endroits bas à leurs côtés, et l'eau ne traverse pas les terres que l'on a mis pour élever les côtés des rivières pour empêcher qu'elles ne noyent les terres labourables ; même les terres sablonneuses ne s'imbibent que jusqu'à une certaine distance de profondeur, et que passé cette distance elle n'imbibe plus. Il paraît qu'il lui faut de l'air pour s'imbiber, et quand l'air lui manque l'eau n'imbibe plus.

Mais tant que l'air ne lui manque pas, l'eau imbibe la terre et va remplir ses veines, qui se trouvent presqu'à la surface et circule avec autant de facilité que le sang dans les veines de l'animal.

CHAPITRE 17.

L'ATMOSPHÈRE DE LA TERRE.

Sa formation. — Ses propriétés. — Sa hauteur.
Ce qui lie l'atmosphère aux planètes.

Sa formation.

Le soleil, de ses rayons ardents, pénètre la terre
et les eaux, et y dépose de ses feux qui volatilisent
l'humidité que les nuits fraîches font sortir en
brouillards qui forment notre atmosphère en plusieurs couches, dont chacune monte à proportion
de sa légèreté, qui se trouvent renouvelées chaque
jour par de nouveaux brouillards ; et le brouillard
précédent ayant perdu la chaleur qui le volatilisait,
retombe sur notre globe en rosée et rafraîchit toutes
les plantes ; et tous les jours il s'en forme autant,
soit dans un endroit ou dans un autre, ce qui entretient à la terre une atmosphère à peu près d'é-
gale épaisseur qui la soutient en équilibre dans
les airs.

Ses propriétés

Premièrement. L'atmosphère nous garantit l'existence en tournant avec nous ; car si elle ne tournait
pas, nous serions aussitôt asphyxiés par la rapidité de
la marche de la terre, qui fait neuf mille lieues par
jour : il n'en faut pas la vingtième partie pour nous

couper la respiration; et en tournant avec nous, nous ne sentons nullement la marche de la terre, qui est de six lieues et quart à la minute.

Deuxièmement, c'est l'atmosphère qui nous garantit des feux ardents du soleil dans les jours d'été, et surtout sous la ligne, où les rayons sont les plus chauds; ils brûleraient tout en général, si l'atmosphère ne s'y opposait pas en empêchant la force du soleil : et, d'un autre côté, cette atmosphère échauffée par le soleil, nous fait trouver les nuits douces et supportables; si au contraire elle n'existait pas, aussitôt le soleil couché, nous aurions un froid glacial; n'ayant rien qui nous retienne la chaleur, nous sommes au contraire dans l'atmosphère comme dans un bain chaud qui nous donne le temps d'attendre le retour du soleil : il est vrai que la terre retient aussi de la chaleur, mais pas autant que l'atmosphère, car toute l'atmosphère est chargée de chaleur, et la terre n'a guère que douze ou quinze pieds de profondeur qui ne peut pas être comparée avec toute l'atmosphère que l'on compte de vingt à vingt-deux lieues d'épaisseur : donc l'atmosphère nous conserve une chaleur douce pendant la nuit et nous empêche de rôtir pendant le jour, ce qui prouve la prévoyance du créateur.

Troisièmement, l'atmosphère étant chargé de l'humidité de la terre, prend graduellement une force proportionnée à sa distance de la terre, et cette force elle la doit à la quantité de vapeur qu'elle possède, car chacun sait que la vapeur monte à proportion de sa légèreté. La plus matérielle est la plus près de nous qui est plus capable de porter une forte charge ; les nuages, dont l'emploi est d'arroser la terre, y trouvent chacun un point d'appui proportionné à leur charge, et s'il n'y avait pas d'atmosphère, les nuages ne trouveraient pas d'équilibre pour se promener au-dessus de nos têtes, pour fertiliser nos terres et nous porter un élément dont on ne peut pas se passer, ils tomberaient sur nous et nous submergeraient partout où ils tomberaient, au lieu de nous donner des pluies qui donnent à la terre le temps de les imbiber.

Sa hauteur.

Quatrièment. Comme l'atmosphère est composée de trois éléments : d'air, de feu et d'eau en vapeur, son épaisseur peut changer de hauteur selon le plus ou le moins de vapeur qui la compose, ce qui peut donner une petite variation dans sa marche ; car la terre tourne sur son atmosphère, qui est de vingt à vingt-deux lieues d'épaisseur, et cette atmosphère est chargée de vapeurs graduellement à sa distance de la terre : c'est pourquoi plus l'on monte plus l'air est léger, comme étant moins chargé de vapeurs ; la vapeur étant plus lourde, doit charger l'air à proportion de la quantité d'eau qu'elle contient, de sorte que l'atmosphère a ses degrés de pesanteur proportionnés à leur distance de la terre, ce qui lie l'atmosphère aux planètes.

Cinquièmement, toutes les planètes possèdent les

quatre éléments, puisqu'elles sont formées par eux ; donc elles sont sujettes à des brouillards et à des vapeurs qui montent du sein de ces planètes et les enveloppent, ce qui forme leur atmosphère ; et ces vapeurs et ces brouillards sont tellement liés, qu'ils forment un tout qui ne peut pas se séparer de leur ensemble et tiennent leurs planètes captives au centre, ne pouvant pas s'en séparer, et sont par cette raison liés les uns aux autres, et tous les jours le soleil en fait fondre une partie qui tombe en rosée pendant la nuit, et le jour fait monter ces vapeurs, de sorte qu'une vapeur se trouve remplacée par une autre ; celle-ci à son tour cède sa place, et toujours de même.

Sixièmement, cette atmosphère entretient dans l'air une humidité qui empêche la grande sécheresse de l'air, qui serait nuisible à la respiration de tous les êtres.

Septièmement, d'un autre côté, cette rosée rafraîchit les plantes et les fait croître.

Huitièmement, l'atmosphère nous garantit des ardeurs du soleil qui nous brûlerait, si nous ne l'avions pas, comme une gaze qui nous garantit le devant des jambes lorsque nous nous chauffons.

Neuvièmement, l'atmosphère soutient le globe, en ce qu'elle l'allégit d'un poids égal à sa pesanteur.

Dixièmement, elle a encore celle de peser sur le globe par l'humidité dont elle est chargée continuellement, et qui est une de ses premières propriétés, sans laquelle tout corps détaché du globe ne pourrait pas y rester s'il n'y avait pas une puissance qui les retienne. Eh bien, c'est l'atmosphère qui a cette propriété : à regarder de près, on lui trouvera encore d'autres qualités.

Onzièmement, elle nous donne un crépuscule pendant la nuit qui nous donne assez de clarté pour nous conduire, à moins que le temps ne soit couvert ; et si ce n'était l'atmosphère, nous aurions les nuits si noires que nous ne pourrions pas voir à nous conduire, même dans un temps clair : il y a bien les étoiles qui brillent, mais elles sont si éloignées de nous, qu'elles ne nous éclairent que faiblement ; mais l'atmosphère nous éclaire infiniment plus, parce que le soleil donne toujours dessus, ce qui nous donne une lueur que nous croyons venir des étoiles et que nous devons plutôt à l'atmosphère.

CHAPITRE 18.

Rotation de la terre autour du Soleil.

La rotation de la terre se fait en tournant comme une boule qu'on lance et qui tourne sur sa circonférence.

C'est cette rotation qui lui fait faire le tour du soleil, étant en équilibre sur ces feux, garde toujours dans ce mouvement de rotation, même distance à son égard, y étant assujétie par la loi de l'équilibre ; tout corps tend à descendre vers son centre et se trouve arrêté dans sa chûte, quand il y a un courant qui le repousse en sens contraire, lorsque ce courant équivaut au poids du corps qui est en chute.

La terre tourne sur une circonférence parfaitement ronde, car l'atmosphère répare ses inégalités, puisqu'elle tourne sur son atmosphère ; et, l'atmosphère étant un fluide, ne peut que se ranger en rond autour d'elle, vu que la terre tourne toujours.

Si la terre tournait sur son axe comme le prétendent plusieurs auteurs, il faudrait qu'elle tourne sans marcher, comme la roue d'une voiture que l'on fait tourner sur son essieu, lorsque la voiture est en repos ; or donc, si la terre tournait sur son axe, elle n'avancerait pas, elle resterait toujours à la même position du ciel, et l'expérience nous fait voir le contraire, puisqu'elle avance chaque jour d'une distance égale à sa circonférence.

TABLE DES CHAPITRES

CONTENUS DANS CE VOLUME.

ERRATA.

J'ai oublié de vous dire au *Travail des atomes,* page 97 : qu'il s'y joignait des brouillards produits par les feux du soleil, qui sont encore plus consé-quents que le travail de l'air, car les feux du soleil sont énormes, puisqu'ils donnent une vapeur pro-portionnée aux feux qui le composent.

FIN.

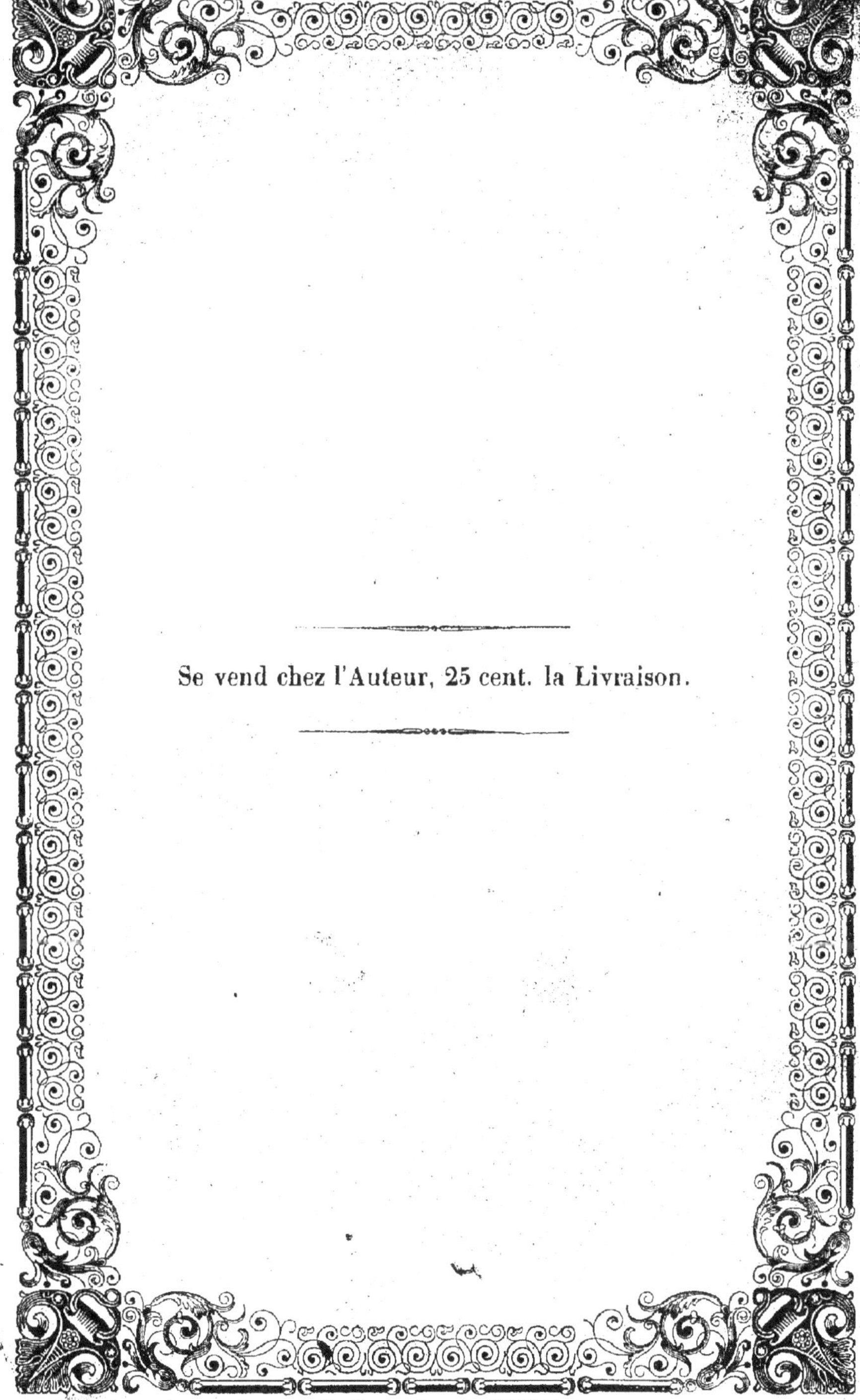

Se vend chez l'Auteur, 25 cent. la Livraison.

Belleville. — Imp. de GALBAN.